Raed Kadhim

Cura de plasmídeos em múltiplos agentes patogénicos de ITU resistentes a antibióticos

Raed Kadhim

Cura de plasmídeos em múltiplos agentes patogénicos de ITU resistentes a antibióticos

Mutagénicos físicos e químicos utilizados contra múltiplos agentes patogénicos de ITU resistentes a antibióticos

ScienciaScripts

Imprint

Cover image: www.ingimage.com

This book is a translation from the original published under ISBN 978-3-659-81391-7.

Publisher:
Sciencia Scripts
is a trademark of
Dodo Books Indian Ocean Ltd. and OmniScriptum S.R.L publishing group

120 High Road, East Finchley, London, N2 9ED, United Kingdom
Str. Armeneasca 28/1, office 1, Chisinau MD-2012, Republic of Moldova, Europe
Printed at: see last page
ISBN: 978-620-8-15107-2

Agradecer e rezar a Alá quando estamos felizes, quando sofremos, quando meditamos em todos os momentos.

Dedicação

Para a pessoa que dedica a sua vida por mim, que gasta muito tempo para me pôr no bom caminho, os seus pensamentos são sempre espirituais.

Para o meu único pai

Para a senhora que me dá o seu pífaro e o seu tempo, que fica acordada muitas noites a rezar por mim, que me acorda de manhã e que me motiva a trabalhar arduamente e a ser o melhor.

Para a minha preciosa mãe

À minha força e ao meu refúgio depois de Qod .... Àqueles que me ensinaram a ciência da vida .... Àqueles que me mostraram o que há de mais belo na vida.

Irmãos

Porque todos contribuíram para o meu sucesso, apoiaram-me para alcançar o que alcancei e partilharam comigo as suas ideias e problemas.

Para os meus amigos

Sr. Raed Kadhim Jasim
(M.Sc. Biotecnologia)

Conteúdo

Capítulo 1. INTRODUÇÃO ... 7

Capítulo 2. Revisão da literatura ... 13

Capítulo 3. Materiais e métodos ... 36

Capítulo 4. RESULTADOS E DISCUSSÃO ... 52

Capítulo 5. RESUMO E CONCLUSÃO ... 76

REFERÊNCIA ... 82

Sr. No.	Abbreviations	Full form
1.	MIC	Minimum Inhibitory concentration
2.	UTI	Urinary Tract Infection
3.	HIV	human immunodeficiency virus
4.	WBCs	white blood cells
5.	AN	Amikasin
6.	Ox	Oflaxacin
7.	G	Gentamycin
8.	NR	Norfloxacin
9.	CFC	Cefaclor
10.	CIP	Ciprofloxacin
11.	NF	Nitrofuantoin
12.	CPF	Cefoperazone
13.	CTX	Ceftriaxone
14.	CR	Cefuroxime
15.	CD	Cefadroxil
16.	NET	Netlimicin
17.	CLED	Cystein Lactose Eletrolyte Deficient
18.	MR-VP	Methyl Red - Voges Proskauer
19.	EDTA	Ethylene diamine tetra acetic acid
20.	SDS	Sodium Dodecyl Sulphate
21.	KOH	Potassium hydroxide
22.	AG	Acid and Gas
23.	MAR	Multiple Antibiotic Resistance

24.	kDa	Kilo Dalton
25.	WBC	White Blood Cells
26.	DD	Doehlert expermental Design
27.	*E.coli*	*Escherichia coli*
28.	*Ps. aeruginosa*	*Pseudomonas aeruginosa*
29.	*C. freundii*	*Citrobacter freundii*
30.	*S. aureus*	*Staphylococcus aureus*
31.	*K. pneumoniae*	*K. pneumoniae*
32.	MTCC	Microbial Type Culture Collection
33.	ml	Mili litre
34.	hr	Hours
35.	min	Minutes
36.	gm	Gram
37.	nm	Nanometer
38.	mg	Miligram
39.	µl	Microlitre
40.	EtBr	Ethidium bromide
41.	N. A.	Nutrient agar
42.	Km	Kiliometer
43.	Nm	Nanometer
44.	NaOH	Sodium hydroxide
45.	MDR	Multi – drug resistant
46.	MGE	Mobile genetic elements
47.	TB	Tuberculosis

48.	**MRSA**	**Methicillin resistant *Staphylococcus aureus***
49.	**VRE**	**Vancomycin resistant enterococci**
50.	**ESBL**	**Extended spectrum beta lactamas**

Capítulo 1. INTRODUÇÃO

1- Introdução

O surto global de doenças infecciosas e a resistência dos micróbios a múltiplos antibióticos estão a exercer uma pressão sem precedentes sobre a comunidade de investigação médica para as conter. A velha crença na área médica de que as doenças infecciosas foram erradicadas com o advento de uma série de antibióticos como agentes quimioterapêuticos foi revertida (Sibanda e Okoh, 2007). Este problema de resistência aos antibióticos em bactérias patogénicas é mais grave nos países em desenvolvimento, incluindo a Índia, onde a carga de infeção é muito elevada e o custo limita a substituição de antibióticos antigos (Chaudhury et. al., 2012). Em primeiro lugar, os microrganismos estão a tornar-se altamente resistentes aos antibióticos disponíveis, uma vez que quase nenhuma classe de antibióticos potentes, activos contra micróbios multirresistentes, foi adicionada recentemente (Carlet et. al., 2012). Em segundo lugar, a linha de antibióticos tornou-se extremamente seca nos últimos 10-15 anos (Shriram et. al., 2008; Gootz, 2010; Hughes, 2011; Carlet et. al., 2012). A utilização inadequada e excessiva de antibióticos para tratar infecções microbianas e a consequente pressão de seleção de antibióticos só vieram agravar a situação (Selim, 2012; OMS, 2012). As tendências recentes de resistência aos antibióticos sugerem que mesmo os agentes antimicrobianos recentemente introduzidos terão uma esperança de vida curta (Coates et. al., 2002).

A utilização de agentes de cura de plasmídeos em combinação com antibióticos pode ser uma forma possível de conter o desenvolvimento e a propagação da resistência aos antibióticos. No entanto, apesar da existência de uma série de agentes sintéticos de cura de plasmídeos, como os corantes de acridina, o brometo de etídio e o dodecil-sulfato de sódio, estes não são adequados para aplicações terapêuticas devido à sua toxicidade ou natureza mutagénica. Assim, existe uma necessidade constante de identificar novos agentes de cura que sejam eficazes e não tóxicos. Existem enormes relatórios sobre as actividades antibacterianas dos extractos de plantas, mas, comparativamente, apenas algumas plantas medicinais foram avaliadas quanto à sua atividade de cura de plasmídeos contra bactérias multirresistentes (MDR) e à reversão bem sucedida da resistência aos antibióticos (Begad Ahmad, 2004; Marquez et. al., 2005; Shriram et. al.,2008; Latha et. al.,2009; Shriram et. al.,2010; Narayanan et. al.,2011).

Considera-se que a eliminação de plasmídeos também tem lugar em ecossistemas que contêm numerosas espécies bacterianas. Este facto abre uma nova perspetiva na conceção racional de medicamentos contra os plasmídeos bacterianos. A inibição da transferência conjugacional do plasmídeo de resistência aos antibióticos pode ser explorada para reduzir a propagação do plasmídeo de resistência aos antibióticos no ecossistema. A inibição da replicação do plasmídeo em várias fases, como mostra o modelo do "círculo rolante" (replicação, partição, transferência conjugativa), pode também constituir a base teórica para a eliminação da virulência bacteriana no caso da patogenicidade mediada por plasmídeos e da resistência aos antibióticos.

Os agentes intercalantes de ADN, tais como o laranja de acridina e o brometo de etídio, são os mais utilizados porque se verificou que são eficazes contra plasmídeos de uma grande variedade de géneros. Embora todos estes agentes tenham sido utilizados para melhorar a recuperação de derivados sem plasmídeos de várias bactérias, individualmente só são eficazes contra alguns plasmídeos e a sua resposta provável é imprevisível. A eliminação de um plasmídeo (cura) de uma cultura bacteriana é o melhor método para comprovar a relação entre uma caraterística genética e o transporte de um plasmídeo específico pela cultura, uma vez que os caracteres fenotípicos associados ao plasmídeo não se exprimem nos derivados curados, mas quando o plasmídeo é reintroduzido na estirpe curada, o fenótipo perdido volta a aparecer. A eficiência da cura também pode variar muito, dependendo do plasmídeo e do hospedeiro bacteriano específico que o transporta. Na maioria dos casos, o mecanismo subjacente à cura não é conhecido. O agente pode interferir diretamente com a replicação do plasmídeo, como acontece com a cura induzida pelo calor de certos plasmídeos sensíveis à temperatura ou com a cura dos mesmos por acridinas ou brometo de etídio. Em alternativa, a cura pode interferir com o crescimento de bactérias portadoras de plasmídeos, permitindo assim que segregados sem plasmídeos que surgem espontaneamente se tornem predominantes. Isto ocorre em certos casos de cura por acridinas, dodecil sulfato de sódio e ureia. A cura por mitomicina C também é eficaz. As experiências de cura são geralmente efectuadas em condições semelhantes às utilizadas para a cultura de rotina das bactérias, a menos que se pretenda especificamente limitar um componente essencial. Quando o tratamento se destina a ser efectuado durante um período contínuo, o agente é utilizado numa concentração ligeiramente inferior à necessária para inibir o crescimento e o número de bactérias inicialmente é reduzido.

As ITU causam uretrite ou inflamação da uretra e cistite ou inflamação da bexiga. Como a infeção se propaga facilmente da uretra para a bexiga, a maioria das infecções é designada por uretrocistite. Os agentes infecciosos chegam mais facilmente à bexiga através da uretra feminina curta (4 cm) do que através da uretra masculina mais comprida (20 cm). Assim, as mulheres são afectadas cerca de 40 a 50 vezes mais frequentemente do que os homens; aos 30 anos, 20% de todas as mulheres já adquiriram uma ITU. Nos homens, a glândula prostática está intimamente associada à uretra e à bexiga, pelo que a prostatite, ou inflamação da glândula prostática, acompanha frequentemente as ITU (Black, 2008).

A ITU é uma resposta inflamatória do urotélio à invasão bacteriana que está normalmente associada a bacteriúria e piúria. A bacteriúria é a presença de bactérias na urina, que normalmente não contém bactérias. Tem-se assumido que é um indicador válido de colonização bacteriana ou de infeção do trato urinário. Embora isto seja geralmente verdade, estudos em animais (Hultgren *et al.*, 1985; Mulvey *et al.*, 1998) e humanos (Elliott *et al.*, 1985) indicaram que as bactérias podem estar no urotélio na ausência de bacteriúria. Em alternativa, a bacteriúria pode representar a contaminação bacteriana de uma amostra abacteriúrica durante a colheita.

A pielonefrite crónica descreve um rim encolhido e com cicatrizes, diagnosticado por evidência morfológica, radiológica ou funcional de doença renal que pode ser pós-infecciosa, mas que frequentemente não está associada a ITU. A infeção bacteriana do rim pode causar uma *cicatriz focal e grosseira* no córtex renal sobreposto a um cálice, quase sempre acompanhada de alguma distorção do cálice, que pode ser detectada radiograficamente ou por exame macroscópico do rim. Menos frequentemente, a cicatrização renal causada por infeção pode resultar em pielonefrite atrófica ou em adelgaçamento generalizado do córtex renal, com um rim pequeno que aparece radiograficamente semelhante a um rim com atrofia pós-obstrutiva. As ITU também podem ser descritas em termos do estado anatómico ou funcional do trato urinário e da saúde do hospedeiro.

Não complicada descreve uma infeção num doente saudável com um trato urinário estrutural e funcionalmente normal. A maioria destes doentes são mulheres com cistite bacteriana isolada ou recorrente ou pielonefrite aguda, e os agentes patogénicos infectantes são normalmente susceptíveis e erradicados por um curto período de terapia antimicrobiana oral barata.

Uma infeção complicada está associada a factores que aumentam a probabilidade de aquisição de bactérias e diminuem a eficácia da terapêutica. O trato urinário é estrutural ou funcionalmente anormal, o hospedeiro está comprometido e/ou as bactérias têm uma virulência aumentada ou resistência antimicrobiana. A maioria destes doentes são homens. As doenças renais que reduzem a capacidade de concentração dos rins ou as doenças neurológicas que alteram a capacidade de esvaziamento da bexiga são anomalias funcionais frequentemente encontradas. Exemplos de anomalias anatómicas incluem a obstrução associada a cálculos ou ao aumento da próstata ou a locais congénitos ou adquiridos de urina residual, como a diverticulite do cálice ou da bexiga. Uma infeção complicada é frequentemente causada por bactérias que foram expostas a muitos agentes antimicrobianos.

Atualmente, a resistência aos medicamentos é um problema crescente no tratamento de doenças infecciosas como a malária, a tuberculose (TB), as doenças diarreicas, as infecções do trato urinário (ITU), etc. Akram *et al.* sugerem *que*, em 2007, a utilização incorrecta e descontrolada de muitos antibióticos resultou na ocorrência de resistência antimicrobiana, que se tornou um importante problema de saúde a nível mundial. Na última década, foram descobertos muitos tipos de estirpes resistentes. Por exemplo, *Staphylococcus aureus* resistente à meticilina (MRSA) (Neem *et al.,* 2010). *Pseudomonas aeruginosa* e *Serratia marcescens* multirresistentes (Kim *et al.*, 2006), *enterococos* resistentes à vancomicina (VRE) (Gold *et al.,* 2001) e *enterococos* resistentes a beta-lactamases de espetro alargado (ESBL) (Bhattacharya *et al.*, 2006). A resistência dos agentes patogénicos aos medicamentos é um problema médico grave, devido ao aparecimento e à propagação muito rápidos de estirpes mutantes que são insusceptíveis ao tratamento médico. Os microrganismos utilizam mecanismos variados para adquirir resistência aos medicamentos, nomeadamente a transferência horizontal de genes (plasmídeos, transposões e bacteriófagos), a recombinação de ADN estranho no cromossoma bacteriano e mutações em diferentes locus cromossómicos (Manikandan *et al.*, 2011).

Nas últimas três décadas, tem havido muitos relatos na literatura científica sobre a utilização inadequada de agentes antimicrobianos e a propagação da resistência bacteriana entre os microrganismos que causam infecções do trato urinário (Hryniewicz *et al.*, 2001). O aparecimento de resistência aos antibióticos no tratamento das ITU constitui um grave problema de saúde pública, sobretudo nos países em desenvolvimento, onde, para além do elevado nível de pobreza, da ignorância e das más práticas de higiene, existe também uma elevada prevalência de medicamentos falsos e espúrios de qualidade duvidosa em circulação.

Os materiais, e em particular os metais, que são antimicrobianos em quantidades mínimas são designados oligodinâmicos. Os mais potentes são o cobre, o ferro, a prata e o ouro, e as formas antimicrobianas são iões metálicos. Os efeitos microbicidas envolvem tanto a alteração da função da membrana celular como a ligação ao ADN da célula, perturbando a reprodução celular. A ação bactericida dos iões metálicos é eficaz contra um amplo espetro de bactérias, incluindo as estirpes comuns que causam infecções e as estirpes mais virulentas resistentes aos antibióticos. Os iões metálicos também demonstraram ser fungicidas. Além disso, quando os iões metálicos são utilizados nas concentrações mínimas necessárias para matar ou travar o crescimento de bactérias e fungos, não demonstraram qualquer efeito prejudicial nas células normais de mamíferos (Russell e Hugo, 1994). Os metais têm sido utilizados na medicina há décadas e foram utilizados em medicamentos sistémicos antes do aparecimento dos antibióticos. No século XIX, uma nova consciência da potência médica do cobre foi gerada pela observação de que os trabalhadores do cobre pareciam ser imunes à cólera em 1832 e aos surtos subsequentes em Paris, França. A utilização do cobre na medicina generalizou-se no século XIX e início do século XX, e uma variedade de preparações inorgânicas de cobre foi utilizada para tratar adenite crónica, eczema, impetigo, escrofulose, infecções tuberculosas, lúpus, sífilis, anemia, coreia e nevralgia facial (Dollwet e Sorenson, 1985). A utilização do cobre como agente antimicrobiano continuou até ao advento dos antibióticos disponíveis no mercado em 1932. A propagação da resistência aos antibióticos através da pressão selectiva começou e hoje tornou as bactérias resistentes aos antibióticos omnipresentes em hospitais, lares de idosos, fábricas de transformação de alimentos e instalações de criação de animais. Este facto suscitou a necessidade de diferentes abordagens para manter os microrganismos patogénicos afastados. Uma dessas alternativas é a utilização de superfícies de cobre em áreas sensíveis em termos de higiene. Embora esta abordagem não seja nova (Dick *et al.,* 1973), perdeu importância e aceitação nas últimas décadas. Um relatório de 1983 que documentava os efeitos benéficos da utilização de latão e bronze nas maçanetas das portas para evitar a propagação de micróbios nos hospitais passou largamente despercebido (Kuhn, 1983). Do mesmo modo, a ideia de utilizar recipientes de cobre para tornar a água potável só muito recentemente foi reavivada como uma alternativa de baixo custo para os países em desenvolvimento (Sudha *et al.,* 2009). Atualmente, existe um interesse intenso na utilização do cobre como material auto-sanitizante, e muitas publicações recentes tratam de aspectos mecanicistas da "morte por contacto" (morte mediada por contacto) pelo cobre. Atualmente, os metais são utilizados de forma rotineira em pomadas antibacterianas. Assim, a tentativa do presente trabalho foi a cura de plasmídeos e a atividade oligodinâmica em agentes patogénicos de ITU resistentes a antibióticos.

1- 5 Finalidades e objectivos

O problema da resistência aos antibióticos em bactérias patogénicas é mais grave nos países em desenvolvimento, incluindo a Índia, onde a carga de infeção é muito elevada e o custo limita a substituição de antibióticos antigos (Chaudhury et. al., 2012). Em primeiro lugar, os microrganismos estão a tornar-se altamente resistentes aos antibióticos disponíveis, uma vez que quase nenhuma classe de antibióticos potentes, activos contra micróbios multirresistentes, foi adicionada recentemente (Carlet et. al., 2012). Em segundo lugar, a linha de antibióticos tornou-se extremamente seca nos últimos 10-15 anos (Shriram et. al., 2008; Gootz, 2010; Hughes, 2011; Carlet et. al., 2012). A utilização inadequada e excessiva de antibióticos para tratar infecções microbianas e a consequente pressão de seleção de antibióticos só agravaram a situação (Selim, 2012; OMS, 2012). As tendências recentes de resistência aos antibióticos sugerem que mesmo os agentes antimicrobianos recentemente introduzidos terão uma esperança de vida curta (Coates et. al., 2002). Recentemente, uma infeção do trato urinário tornou-se mais complicada e difícil de tratar, porque o uso descontrolado de muitos antibióticos produz resistências bacteriológicas, que se tornaram um grande problema de saúde em todo o mundo. Para combater diretamente estas tendências, é necessário defender a implementação de estratégias alternativas de controlo das doenças.

Assim, a tentativa do presente trabalho foi levar a cabo a cura de plasmídeos de agentes patogénicos de ITU resistentes a antibióticos, bem como a atividade oligodinâmica contra agentes patogénicos de ITU.

Assim, os objectivos do presente trabalho são os seguintes

- Isolamento e identificação do agente patogénico da ITU de doentes suspeitos através de caraterísticas culturais, morfológicas e bioquímicas normalizadas
- Padrão de suscetibilidade aos antibióticos e índice de resistência a múltiplos antibióticos (MAR) dos agentes patogénicos das ITU isolados das amostras de urina
- Investigar a influência do mutagénio físico e químico em todos os tipos de bactérias que causam ITU e resistência a vários antibióticos.
- Estudar os mutagénicos físicos e químicos contra as bactérias patogénicas das ITU.
- Rastreio da atividade oligodinâmica do cobre e do ferro em agentes patogénicos de ITU resistentes a antibióticos.

Capítulo 2. *Revisão da literatura*

2- Revisão da literatura

A utilização de agentes de cura de plasmídeos em combinação com antibióticos pode ser uma forma possível de conter o desenvolvimento e a propagação da resistência aos antibióticos. No entanto, apesar da existência de uma série de agentes sintéticos de cura de plasmídeos, como os corantes de acridina, o brometo de etídio e o dodecil-sulfato de sódio, estes não são adequados para aplicações terapêuticas devido à sua toxicidade ou natureza mutagénica. Assim, existe uma necessidade constante de identificar novos agentes de cura que sejam eficazes e não tóxicos. Existem enormes relatórios sobre as actividades antibacterianas dos extractos de plantas, mas, comparativamente, apenas algumas plantas medicinais foram avaliadas quanto à sua atividade de cura de plasmídeos contra bactérias multirresistentes (MDR) e à reversão bem sucedida da resistência aos antibióticos (Beg e Ahmad, 2004; Marquez et. al., 2005; Shriram et. al.,2008; Latha et. al.,2009; Shriram et. al.,2010; Narayanan et. al.,2011).

Os plasmídeos são definidos como moléculas de ADN que se replicam extra-cromaticamente. São diferentes do ADN cromossómico e estão presentes nas bactérias. As bactérias são um grande grupo de microrganismos unicelulares, muitos dos quais causam infecções e doenças em animais e seres humanos. Por exemplo, as Enterobacteriaceae são uma grande família de bactérias, que ocorrem tanto de forma comensal como patogénica nos intestinos, causando doenças generalizadas. A maioria dos genes essenciais de uma bactéria, necessários para a sua sobrevivência em condições normais ou óptimas, está contida no cromossoma. No entanto, muitas bactérias transportam também uma variedade de Elementos Genéticos Móveis (EGM) que podem contribuir significativamente para a sua diversidade e adaptabilidade. Estes MGEs não transportam nada de essencial para a sobrevivência em circunstâncias não stressantes, mas podem ser importantes para funções especializadas, como a capacidade da bactéria para formar biofilmes ou para ser resistente a antibióticos. Os plasmídeos são os MGE mais facilmente identificados, porque estão fisicamente separados do cromossoma e podem ser visualizados por lise e separação electroforética das moléculas de ADN libertadas. Por conseguinte, é de esperar que, em qualquer população crescente de bactérias portadoras de plasmídeos, sejam ocasionalmente produzidos segregantes sem plasmídeos, em resultado de um erro no processo de replicação do plasmídeo ou de partição para bactérias filhas (Ghosh *et al.*, 2000).

Todos os dias, os rins filtram cerca de 200 litros de fluido da corrente sanguínea, permitindo que as toxinas, os resíduos metabólicos e o excesso de iões deixem o corpo na urina, enquanto devolvem ao sangue as substâncias necessárias. Tal como uma estação de purificação de água que mantém a água de uma cidade potável e elimina os seus resíduos, os rins não são normalmente apreciados até funcionarem mal e os fluidos corporais ficarem contaminados. Embora os pulmões e a pele também participem na excreção, os rins são os principais órgãos excretores. Ao desempenharem estas funções excretoras, os rins actuam também como reguladores essenciais do volume e da composição química do sangue, mantendo o equilíbrio adequado entre água e sais e entre ácidos e bases. Francamente, este seria um trabalho complicado para um engenheiro químico, mas os rins fazem-no de forma eficiente na maior parte do tempo. Para além dos rins que formam a urina, o sistema urinário (Fig. 1) inclui: a bexiga urinária, um reservatório de armazenamento temporário para a urina, mais três órgãos semelhantes a tubos - os ureteres emparelhados e a uretra, os quais fornecem canais de transporte para a urina.

Os rins regulam a composição dos fluidos corporais e eliminam os resíduos azotados e outros resíduos do organismo. Para o efeito, cada rim contém cerca de 1 milhão de unidades funcionais denominadas nefrónios. Num nefrónio, a parte fluida do sangue é filtrada do glomérulo, um conjunto de capilares em espiral, para os túbulos renais. Começando no córtex renal, os néfrons removem solutos, incluindo resíduos, e água do sangue. À medida que esses materiais passam pelos túbulos conhecidos como medula renal, materiais essenciais como água, sais e açúcares voltam para o sangue. A urina, os resíduos que permanecem nos túbulos renais, passa através dos canais colectores para os ureteres de cada rim. Os ureteres transportam a urina, normalmente isenta de micróbios, para a bexiga urinária, onde é armazenada até ser libertada pela uretra durante a micção (urinar). A urinálise, a análise laboratorial de amostras de urina, pode revelar desequilíbrios no pH ou na concentração de água, a presença de substâncias como a glucose ou as proteínas e outras condições associadas a infecções, perturbações metabólicas e outras doenças (Black, 2008).

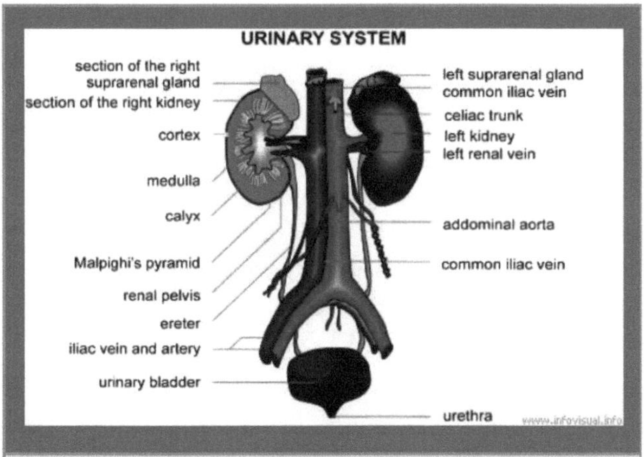

Fig.1: The Urinary System

Os ureteres são tubos delgados que transportam a urina dos rins para a bexiga. Cada ureter começa ao nível de L2 como uma continuação da pelve renal. A partir daí, desce por detrás do peritoneu e atravessa obliquamente a parede posterior da bexiga. Esta disposição impede o refluxo da urina durante o enchimento da bexiga porque qualquer aumento da pressão da bexiga comprime e fecha as extremidades distais dos ureteres. Histologicamente, (Fig. 2), que pode representar o sistema urinário do homem e da mulher, a parede do ureter tem três camadas. O epitélio de transição da sua *mucosa* de revestimento é contínuo com o da pelve renal superiormente e com o da bexiga medialmente. A sua muscularis média é composta principalmente por duas camadas de músculo liso: a camada longitudinal interna e a camada circular externa. Uma camada adicional de músculo liso, a camada longitudinal externa, aparece no terço inferior do ureter. A adventícia que cobre a superfície externa do ureter é um tecido conjuntivo fibroso típico. O ureter desempenha um papel ativo no transporte da urina. A entrada de urina distende o ureter e estimula a contração da sua musculatura, impulsionando a urina para a bexiga. (A força e a frequência das ondas peristálticas são ajustadas à taxa de formação da urina. Cada ureter é inervado por fibras simpáticas e parassimpáticas, mas o controlo neural do peristaltismo parece ser insignificante em comparação com a forma como o músculo liso ureteral responde ao estiramento.

A bexiga urinária é um saco muscular liso, colapsável, que armazena temporariamente a urina. Está localizada retroperitonealmente no pavimento pélvico, imediatamente a seguir à sínfise púbica. A próstata (parte do sistema reprodutor masculino) situa-se abaixo do colo da bexiga, que se esvazia na uretra. Nas mulheres, a bexiga é anterior à vagina e ao útero. O interior da bexiga tem aberturas para os dois ureteres e para a uretra. A região lisa e triangular da base da bexiga, delimitada por estas três aberturas, é o trígono, importante do ponto de vista clínico porque as infecções tendem a persistir nesta região. A parede da bexiga tem três camadas: uma mucosa contendo epitélio de transição, uma camada muscular espessa e uma adventícia fibrosa (exceto na sua superfície superior, onde é coberta pelo peritoneu). A camada muscular, designada por músculo detrusor (**de-tru_sor**; "para fora"), é constituída por fibras musculares lisas entrelaçadas, dispostas em camadas longitudinais internas e externas e numa camada circular média. A bexiga é muito distensível e está especialmente adaptada à sua função de armazenamento da urina. Quando está vazia, a bexiga colapsa na sua forma piramidal básica e as suas paredes são espessas e estão divididas em pregas (rugas). À medida que a urina se acumula, a bexiga expande-se, adquire a forma de pera e eleva-se superiormente na cavidade abdominal.

A parede muscular estica-se e afina-se, e as rugas desaparecem. Estas alterações permitem que a bexiga armazene mais urina sem um aumento significativo da pressão interna. Uma bexiga moderadamente cheia tem cerca de 12 cm de comprimento e contém aproximadamente 500 ml de urina, mas pode conter quase o dobro, se necessário. Quando está tensa com a urina, pode ser palpada bem acima da sínfise púbica. A capacidade máxima da bexiga é de 800-1000 ml e, quando está demasiado distendida, pode rebentar. Embora a urina seja formada continuamente pelos rins, é normalmente armazenada na bexiga até ser conveniente libertá-la.

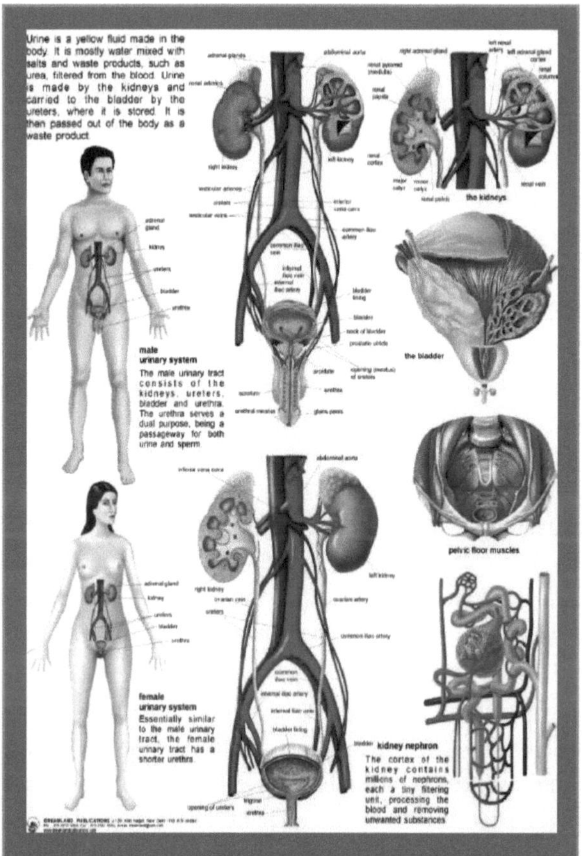

Fig. 2: Urinary System of Male and Female

As infecções do trato urinário (ITU) são comuns, afectam homens e mulheres de todas as idades e variam dramaticamente na sua apresentação e sequelas. São uma causa comum de morbilidade e podem conduzir a uma mortalidade significativa. Embora o trato urinário esteja normalmente livre de crescimento bacteriano, as bactérias que geralmente ascendem do reservatório rectal podem causar ITU. Quando a virulência bacteriana aumenta ou os mecanismos de defesa do hospedeiro diminuem, ocorre a inoculação bacteriana, a colonização e a infeção do trato urinário. O diagnóstico e o tratamento cuidadosos resultam na resolução bem sucedida das infecções na maioria dos casos. Uma melhor compreensão da patogénese das ITU e do papel dos factores bacterianos e do hospedeiro melhorou a capacidade de identificar os doentes em risco e de prevenir ou minimizar as sequelas. As manifestações clínicas podem variar desde a colonização bacteriana assintomática da bexiga até sintomas irritativos, como a frequência e a urgência associadas à infeção bacteriana; infecções do trato superior associadas a febre, arrepios e dor no flanco; e bacteriemia associada a morbilidade grave, incluindo sépsis e morte. Os novos agentes antimicrobianos que atingem níveis elevados na urina e nos tecidos, que podem ser administrados por via oral e que não são nefrotóxicos reduziram significativamente a necessidade de hospitalização por infeção grave. A terapêutica de curta duração e os agentes antimicrobianos profilácticos reduziram a morbilidade e os custos associados à cistite recorrente nas mulheres. Embora a grande maioria dos doentes responda prontamente e seja curada pela terapêutica, a identificação e o tratamento precoces de doentes com infecções complicadas que os colocam em risco significativo continuam a ser um desafio clínico para os urologistas.

As ITU causam uretrite ou inflamação da uretra e cistite ou inflamação da bexiga. Como a infeção se propaga facilmente da uretra para a bexiga, a maioria das infecções é designada por uretrocistite. Os agentes infecciosos chegam mais facilmente à bexiga através da uretra feminina curta (4 cm) do que através da uretra masculina mais longa (20 cm). Assim, as mulheres são afectadas cerca de 40 a 50 vezes mais frequentemente do que os homens; por volta dos 30 anos, 20% de todas as mulheres adquiriram uma ITU Nos homens, a glândula da próstata está intimamente associada à uretra e à bexiga, pelo que a prostatite, ou inflamação da glândula da próstata, acompanha frequentemente as ITU (Black, 2008).

A ITU é uma resposta inflamatória do urotélio à invasão bacteriana que está normalmente associada a bacteriúria e piúria. A bacteriúria é a presença de bactérias na urina, que normalmente não contém bactérias. Tem-se assumido que é um indicador válido de colonização bacteriana ou de infeção do trato urinário. Embora isto seja geralmente verdade, estudos em animais (Hultgren *et al.,* 1985; Mulvey *et al.,* 1998) e humanos (Elliott *et al.,* 1985) indicaram que as bactérias podem estar no urotélio na ausência de bacteriúria. Em alternativa, a bacteriúria pode representar a contaminação bacteriana de uma amostra abacteriúrica durante a colheita.

2- 1 As ITUs também podem ser definidas pela sua relação com outras ITUs:

Uma primeira infeção ou infeção isolada é aquela que ocorre num indivíduo que nunca teve uma ITU ou que tem uma ITU remota de uma ITU anterior. Uma infeção não resolvida é aquela que não respondeu à terapia antimicrobiana. Uma infeção recorrente é aquela que ocorre após a resolução documentada e bem sucedida de uma infeção anterior. O termo reinfeção descreve um novo evento associado à reintrodução de bactérias no trato urinário a partir do exterior.

A persistência bacteriana refere-se a uma ITU recorrente causada pela reemergência da mesma bactéria a partir de um foco no trato urinário, como um cálculo infecioso ou a próstata. A recidiva é frequentemente utilizada de forma indistinta. Estas definições requerem uma avaliação clínica e bacteriológica cuidadosa e são importantes porque influenciam o tipo e a extensão da avaliação e do tratamento do doente. A profilaxia antimicrobiana é a prevenção de reinfecções do trato urinário através da administração de medicamentos antimicrobianos. Se o termo for utilizado corretamente em referência ao trato urinário, pode presumir-se que as bactérias foram eliminadas antes de se iniciar a profilaxia. A profilaxia antimicrobiana cirúrgica implica a administração de um agente antimicrobiano antes e durante um período de tempo limitado após um procedimento para prevenir infecções locais ou sistémicas após o procedimento.

A supressão antimicrobiana é a prevenção do crescimento de um foco de persistência bacteriana que não pode ser erradicado. Uma dosagem baixa e nocturna de um agente antimicrobiano resulta normalmente na ausência de crescimento na urina, como no caso de um pequeno cálculo infecioso ou na prostatite bacteriana causada por *Escherichia coli. Supressivo* é também um termo útil quando se previnem sintomas agudos recorrentes num doente de baixo risco, tal como um doente com um grande cálculo staghorn em que o agente antimicrobiano reduz mas não elimina as bactérias na urina.

As ITU domiciliárias ou ambulatórias ocorrem em doentes que não estão hospitalizados ou institucionalizados na altura em que são infectados. As infecções são geralmente causadas por bactérias intestinais comuns (por exemplo, Enterobacteriaceae ou *Enterococcus faecalis),* que são susceptíveis à maioria dos agentes antimicrobianos. As ITU nosocomiais ou associadas aos cuidados de saúde ocorrem em doentes hospitalizados ou institucionalizados e são normalmente causadas por *Pseudomonas* e outras estirpes mais resistentes aos antimicrobianos.

As ITU são consideradas a infeção bacteriana mais comum. São responsáveis por mais de 7 milhões de visitas a consultórios médicos e requerem ou complicam mais de 1 milhão de visitas a consultórios e 1 milhão de visitas a serviços de urgência, resultando em 100 000 hospitalizações por ano (Patton et al, 1991, Hooton e Stamm, 1997; Foxman *et al.,* 2000). Representam 1,2% de todas as consultas efectuadas por mulheres e 0,6% de todas as consultas efectuadas por homens (Schappert, 1997).

A prevalência global de bacteriúria nas mulheres foi estimada em 3,5%, com a prevalência a aumentar geralmente com a idade numa tendência linear (Evans et al, 1978). Os inquéritos de rastreio da bacteriúria mostraram que cerca de 1% das raparigas em idade escolar (entre os 5 e os 14 anos) (Kunin *et al,* 1962) têm bacteriúria e que este valor aumenta para cerca de 4% na idade adulta jovem e depois para mais 1% a 2% por década de idade (Fig. 103). Cerca de 30% das mulheres terão tido uma ITU sintomática que requer terapia antimicrobiana até aos 24 anos de idade e quase metade de todas as mulheres terão uma ITU durante a sua vida. A prevalência de bacteriúria nas mulheres jovens é 30 vezes superior à dos homens. No entanto, com o aumento da idade, a proporção de mulheres e homens com bacteriúria diminui progressivamente. Pelo menos 20% das mulheres e 10% dos homens com mais de 65 anos têm bacteriúria (Boscia e Kaye, 1987; Juthani-Mehta, 2007).

A incidência de bacteriúria também aumenta com a institucionalização ou hospitalização e doenças concomitantes (Sourander, 1966). Num estudo com mulheres e homens com mais de 68 anos, Boscia e Kaye (1987) descobriram que 24% dos residentes em lares de idosos com problemas funcionais apresentavam bacteriúria, em comparação com 12% dos indivíduos saudáveis residentes em lares (Boscia et al, 1986). As ITU são responsáveis por aproximadamente 38% dos 2 milhões de infecções nosocomiais por ano (Sedor e Mulholland, 1999; Lo et al, 2008). Mais de 80% das ITU nosocomiais são secundárias a um cateter uretral de demora (Sedor e Mulholland, 1999). A incidência de ITU também aumenta durante a gravidez e em doentes com lesões da espinal medula, diabetes, esclerose múltipla e infeção pelo vírus da imunodeficiência humana (VIH)/síndrome da imunodeficiência adquirida (SIDA).

O impacto financeiro das ITU adquiridas na comunidade é de quase 1,6 mil milhões de dólares só nos Estados Unidos (Foxman, 2002); o custo anual das ITU nosocomiais foi estimado entre 515 e 548 milhões de dólares (Jarvis, 1996).

Pouco se sabe sobre a história natural da bacteriúria não tratada nas mulheres porque a maioria das mulheres é tratada quando é diagnosticada, mas foram efectuados alguns estudos em que o tratamento com agentes antimicrobianos é comparado com placebo. Estes estudos mostram que 57% a 80% das mulheres com bacteriúria que não são tratadas ou que são tratadas com placebo eliminam as suas infecções espontaneamente (Mabeck, 1972; Guttmann, 1973).

Mabeck (1972) verificou que 8 das 53 mulheres bacteriúricas colocadas em placebo necessitaram de tratamento com um agente antimicrobiano devido aos sintomas, mas 32 das restantes 45 mulheres desapareceram sem tratamento no prazo de um mês e 43 das 45 tinham desaparecido espontaneamente da bacteriúria no prazo de 5 meses; apenas 2 mulheres permaneceram persistentemente bacteriúricas.

Quando um doente tem uma infeção, é provável que desenvolva infecções subsequentes. Muitos adultos tiveram ITU quando eram crianças, o que sublinha a importância dos factores genotípicos nas ITU (Gillenwater et al, 1979). De 45 mulheres com ITUs não tratadas cuja infeção desapareceu, 20 (46%) tiveram recorrências no espaço de um ano (Mabeck, 1972).

Quando as mulheres com bacteriúria recorrente foram observadas após o tratamento, cerca de um sexto (37 de 219) teve uma taxa de recorrência muito elevada (2,6 infecções por ano), enquanto as restantes mulheres tiveram uma taxa de recorrência de apenas 0,32 por ano (Mabeck, 1972). Foi observada uma separação semelhante num estudo prospetivo em que apenas 28,6% de 60 mulheres que tiveram a sua primeira ITU sintomática tiveram infecções recorrentes durante os primeiros 18 meses de observação, ao contrário das recorrências em 82,5% de 106 mulheres que tinham tido ITU anteriores (Harrison et al, 1974). Outros investigadores também descobriram que a probabilidade de ITUs recorrentes aumenta com o número de infecções anteriores e diminui em proporção inversa ao tempo decorrido entre a primeira e a segunda infeção (Mabeck, 1972). Destas infecções recorrentes, 71% a 73% são causadas por reinfeção com organismos diferentes, em vez de recorrência com o mesmo organismo (Mabeck, 1972; Guttmann, 1973).

As mulheres com reinfecções frequentes têm uma taxa de 0,13 a 0,25 ITU por mês (1,6 a 3,1 infecções por ano) quando as infecções são tratadas com agentes antimicrobianos (Mabeck, 1972; Guttmann, 1973; Kraft e Stamey, 1977; Vosti, 2002). Num estudo prospetivo a longo prazo de 235 mulheres com mais de 1000 infecções confirmadas, estudadas durante um período que variou de 1 a quase 20 anos, cerca de metade das doentes tinha grupos de infecções, cuja frequência variava entre 2 e 12 infecções por grupo. As infecções foram seguidas de intervalos sem remissão que, em média, foram de aproximadamente 1 ano. A maioria das reinfecções ocorreu após 2 semanas (Harrison *et al.*, 1974) e no prazo de 5 meses (Mabeck, 1972), e a maioria ocorreu no início deste intervalo (Kraft e Stamey, 1977; Vosti, 2002) (Fig. 10-4). As taxas de reinfeção foram independentes da disfunção da bexiga, das alterações radiológicas da pielonefrite crónica e do refluxo vesicoureteral (Guttmann, 1973). As reinfecções não ocorreram uniformemente ao longo do tempo. Na série de Stanford (Kraft e Stamey, 1977), 23 mulheres com infecções recorrentes frequentes foram estudadas com culturas de urina mensais quando assintomáticas e com culturas imediatas quando sintomáticas para cistite, durante uma média de 3 anos. Trinta e quatro por cento das infecções foram seguidas de intervalos sem infeção de pelo menos 6 meses (média de 12,8 meses), e 22 das 23 mulheres tiveram esses intervalos. No entanto, mesmo estes longos intervalos foram seguidos de novas infecções (Kraft e Stamey, 1977), sublinhando assim a importância dos factores genotípicos na patogénese das ITU nas mulheres (Schaeffer et al, 1981).

Quando os dados de Stanford (Kraft e Stamey, 1977) sobre ITUs recorrentes em mulheres altamente susceptíveis são analisados através do exame de conjuntos de infecções separados por remissões de pelo menos 6 meses, 69% dos conjuntos contêm apenas uma infeção. Após este primeiro conjunto, os restantes conjuntos apresentam uma taxa de remissão de 33% das infecções, o que significa que um doente que tenha duas ou mais infecções num período de 6 meses tem apenas 33% de probabilidade de permanecer livre de infecções nos 6 meses seguintes. Por conseguinte, se a profilaxia antimicrobiana for iniciada após a segunda ou qualquer infeção subsequente num conjunto, cerca de dois terços das mulheres beneficiarão.

Quer um doente não receba qualquer tratamento ou receba tratamento antimicrobiano a curto, longo prazo ou profilático, o risco de bacteriúria recorrente permanece o mesmo; a terapêutica antimicrobiana profiláctica reduz as reinfecções mas não altera a predisposição subjacente para a infeção recorrente. Asscher e colaboradores (1973) verificaram que ocorreram reinfecções em 17 doentes (34%) tratados com um ciclo de 7 dias de nitrofurantoína e em 13 doentes (29%) que receberam placebo durante um seguimento de 3 a 5 anos. Mabeck (1972) verificou que 46% (20 de 43) dos doentes não tratados tinham infecções recorrentes aos 12 meses, em comparação com cerca de 40% dos doentes tratados que tinham recorrências. Ambos os estudos sugerem que não faz grande diferença se uma ITU é curada com um agente antimicrobiano ou se se deixa desaparecer espontaneamente - a suscetibilidade a ITU recorrentes permanece a mesma. Além disso, os doentes com ITU frequentes que tomam agentes antimicrobianos profilácticos durante períodos prolongados (>6 meses) podem diminuir as suas infecções durante o período de profilaxia, mas a taxa de infeção regressa à taxa de pré-tratamento após a interrupção da profilaxia (Vosti, 1975; Stamm et al, 1980a). Mesmo longas interrupções no padrão de recorrência, portanto, não parecem alterar a suscetibilidade básica do doente às infecções.

As sequelas das ITU complicadas são substanciais. Está bem estabelecido que, na presença de obstrução, cálculos infecciosos, diabetes mellitus e outros factores de risco, as ITU em adultos podem levar a lesões renais progressivas (Freedman, 1975). Os efeitos a longo prazo das ITUs recorrentes não complicadas não são completamente conhecidos, mas, até agora, não foi estabelecida qualquer associação entre infecções recorrentes e cicatrizes renais, hipertensão ou azotemia renal progressiva (Asscher *et al.*, 1973; Freedman, 1975). De facto, um investigador não conseguiu encontrar um único caso de pielonefrite crónica não obstrutiva inequívoca em 22 doentes nos quais a pielonefrite crónica foi a causa da insuficiência renal terminal (Schechter *et al.*, 1971). Dados semelhantes foram registados por Huland e Busch (1982).

Nas mulheres grávidas, a prevalência e a taxa de infeção recorrente são as mesmas, mas a bacteriúria progride para pielonefrite clínica aguda mais frequentemente do que nas mulheres não grávidas. Esta variação na história natural das infecções recorrentes nas mulheres é discutida numa secção posterior sobre as ITU na gravidez.

As ITU resultam de interações entre o uropatógeno e o hospedeiro. O sucesso da infeção do trato urinário é determinado, em parte, pelos factores de virulência da bactéria, pelo tamanho do inóculo e pela inadequação dos mecanismos de defesa do hospedeiro. Estes factores também desempenham um papel na determinação do nível final de colonização e danos no trato urinário. Enquanto o aumento da virulência bacteriana parece ser necessário para ultrapassar a forte resistência do hospedeiro, as bactérias com factores de virulência mínimos são capazes de infetar doentes significativamente comprometidos.

2-2 Vias de infeção:

Existem três vias importantes através das quais as bactérias podem invadir e disseminar-se no trato urinário: as vias ascendente e hematogénea e existem poucas provas que suportem uma disseminação linfática da infeção para o trato urinário com alguma regularidade

2-2-1 Percurso ascendente

A aderência dos agentes patogénicos à mucosa introital e urotelial desempenha um papel significativo nas infecções ascendentes. Esta via é ainda mais reforçada em indivíduos com sujidade significativa do períneo com fezes, mulheres que utilizam agentes espermicidas (Hooton et al, 1996; Foxman, 2002; Handley *et al,* 2002) e doentes com cateteres intermitentes ou de demora.

Embora a cistite se restrinja frequentemente à bexiga, aproximadamente 50% das infecções podem estender-se ao trato urinário superior (Busch e Huland, 1984). O peso da evidência clínica e experimental sugere fortemente que a maioria dos episódios de pielonefrite é causada pela ascensão retrógrada de bactérias da bexiga através do ureter para a pelve e parênquima renal. Embora o refluxo da urina não seja provavelmente necessário para as infecções ascendentes, o edema associado à cistite pode causar alterações suficientes na junção ureterovesical para permitir o refluxo. Uma vez que as bactérias são introduzidas no ureter, elas podem ascender até o rim sem ajuda. No entanto, esta ascensão seria grandemente aumentada por qualquer processo que interfira com a função peristáltica ureteral normal. As bactérias Gram-negativas e as suas endotoxinas, bem como a gravidez e a obstrução ureteral, têm um efeito antiperistáltico significativo.

As bactérias que atingem a pelve renal podem entrar no parênquima renal através dos canais colectores nas pontas dos papilares e depois ascender para cima dentro dos túbulos colectores. Este processo é acelerado e exacerbado pelo aumento da pressão intrapélvica decorrente da obstrução ureteral ou do refluxo vesicoureteral, principalmente quando associado ao refluxo intrarrenal.

2-2-2 Via hematogénica

A infeção do rim por via hematogénea é pouco frequente em indivíduos normais. No entanto, o rim é ocasionalmente infetado de forma secundária em doentes com bacteriemia por *Staphylococcus aureus* com origem em sítios orais ou com *fungemia por Candida.* Dados experimentais indicam que a infeção aumenta quando o rim está obstruído (Smellie *et al.*, 1975).

2-2-3 Via linfática

A extensão direta de bactérias dos órgãos adjacentes através dos linfáticos pode ocorrer em circunstâncias invulgares, como uma infeção intestinal grave ou abcessos retroperitoneais. Existem poucas provas de que as vias linfáticas desempenhem um papel significativo na grande maioria das ITU.

2-3 Agentes patogénicos urinários:

A maioria das ITU é causada por anaeróbios facultativos, normalmente com origem na flora intestinal. Os uropatógenos, como o *Staphylococcus epidermidis* e *a Candida albicans*, têm origem na flora da vagina ou da pele do períneo.

A E. coli é, de longe, a causa mais comum de ITU, sendo responsável por 85% das infecções adquiridas na comunidade e 50% das infecções adquiridas no hospital. Outras Enterobacteriaceae gram-negativas, incluindo *Proteus* e *Klebsiella,* e *E. faecalis* gram-positivas e *Staphylococcus saprophyticus* são responsáveis pelo resto da maioria das infecções adquiridas na comunidade. As infecções nosocomiais são causadas por *E. coli, Klebsiella, Enterobacter, Citrobacter, Serratia, Pseudomonas aeruginosa, Providencia, E. faecalis* e *S. epidermidis* (Kennedy *et al.*, 1965). Organismos menos comuns, como *Gardnerella vaginalis,* espécies de *Mycoplasma* e *Ureaplasma urealyticum* podem infetar pacientes com cateteres intermitentes ou internos (Josephson *et al.*, 1988; Fairley e Birch, 1989). A maioria das bactérias entra no trato urinário a partir do reservatório intestinal através da ascensão pela uretra até à bexiga.

A prevalência de organismos infecciosos é influenciada pela idade do doente. Por exemplo, reconhece-se atualmente que *o S. saprophyticus* causa aproximadamente 10% das ITU inferiores sintomáticas em mulheres jovens e sexualmente activas (Latham *et al.*, 1983), ao passo que raramente causa infeção em homens e indivíduos idosos. Foi registada uma variação sazonal com um pico entre o final do verão e o outono (Hovelius e Mardh, 1984).

2-4 Organismos Fastidiosos:

2-4-1 Anaeróbios no trato urinário

Embora estejam documentadas infecções sintomáticas por anaeróbios do trato urinário, estas são pouco frequentes. No entanto, a uretra distal, o períneo e a vagina são normalmente colonizados por anaeróbios. Enquanto 1% a 10% das amostras de urina esvaziada são positivas para organismos anaeróbios (Finegold, 1977), os organismos anaeróbios encontrados em aspirados suprapúbicos são muito mais invulgares (Gorbach e Bartlett, 1974). As ITUs clinicamente sintomáticas em que apenas são cultivados organismos anaeróbios são raras, mas deve suspeitar-se destes organismos quando um doente com sintomas irritativos da bexiga tem cocos ou bastonetes gram-negativos observados no exame microscópico da urina centrifugada (cateterizada, aspirada suprapúbica ou urina de jato médio) e as culturas aeróbias quantitativas de rotina não conseguem desenvolver organismos (Ribot *et al.*, 1981).

Os organismos anaeróbios são frequentemente encontrados em infecções supurativas do trato genitourinário. Num estudo de infecções supurativas do aparelho geniturinário em homens, 88% dos abcessos escrotais, prostáticos e perinéfricos incluíam anaeróbios entre os organismos infectantes (Bartlett e Gorbach, 1981). Os organismos encontrados são normalmente espécies de *Bacteroides*, incluindo *B. fragilis,* espécies de *Fusobacterium*, cocos anaeróbios e *Clostridium perfringens* (Finegold, 1977). O crescimento de clostrídios pode estar associado à cistite enfisematosa (Bromberg *et al.*, 1982).

2-4-2 Factores de Virulência Bacteriana:

As caraterísticas de virulência desempenham um papel importante na determinação da invasão do trato urinário por um organismo e do nível subsequente de infeção no trato urinário. (Acredita-se geralmente que as estirpes uropatogénicas residentes na flora intestinal, como a *E. coli* uropatogénica (UPEC), podem infetar o trato urinário não só por acaso, mas também pela expressão de factores de virulência que lhes permitem aderir e colonizar o períneo e a uretra e migrar para o trato urinário, onde estabelecem uma resposta inflamatória no urotélio (Schaeffer *et al*, 1981; Yamamoto *et al.*, 1997; Schlager *et al.*, 2002; Moreno *et al.*, 2008). Os mesmos factores de virulência podem ser encontrados em estirpes bacterianas que causam ITU recorrentes em doentes (Foxman *et al.*, 1995). Alguns destes determinantes de virulência estão localizados numa das cerca de 20 ilhas associadas à patogenicidade específicas das UPEC, que variam entre 30 e 170 kb (Hacker, 1999; Oelschlaeger et al., 2002). Estas ilhas de patogenicidade aumentam coletivamente o tamanho do genoma do agente patogénico em cerca de 20% em relação a uma estirpe comensal. Uma análise genómica recente de uma estirpe de UPEC revelou a presença de genes para sistemas de chaperoneusher putativos, bem como de proteínas autotransportadoras que podem funcionar como adesinas, toxinas, proteases, invasinas, factores de resistência ao soro ou mediadores da motilidade (Henderson e Nataro, 2001). Um autotransportador específico de UPEC, Sat, parece ser tóxico para as células do trato urinário in vitro (Guyer *et al.*, 2000) e pode causar vacuolização citoplasmática e danos histológicos graves nos rins de ratos (Guyer *et al.*, 2002). Outra toxina, a hemolisina HlyA, forma poros numa variedade de membranas de células hospedeiras (Uhlen *et al.*, 2000). Para além de proteases e toxinas, UPEC produz vários sistemas de aquisição de ferro, incluindo a aerobactina (Johnson *et al.*, 1988; Johnson, 2003) e o sistema IroN, descrito mais recentemente

(Russo *et al.,* 1999; Sorsa *et al.,* 2003). Por último, a maioria das estirpes de UPEC produz uma cápsula de polissacárido ácido que protege as bactérias da fagocitose por leucócitos polimorfonucleares humanos e inibe a ativação do complemento (Johnson, 2003).

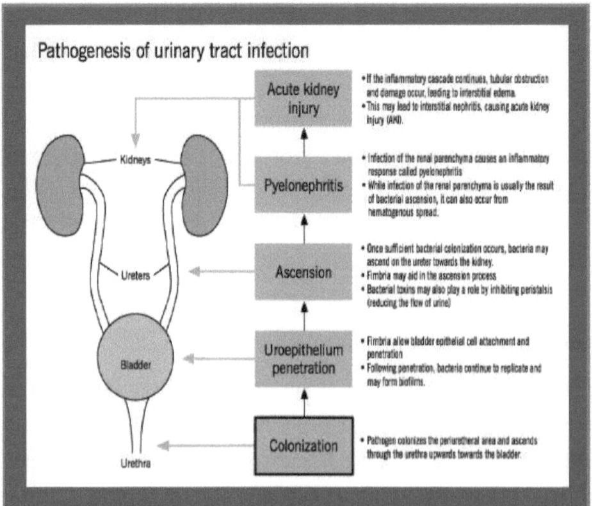

Fig.3: Pathogenesis of Urinary Tract Infection

Nos últimos anos, a frequência e o espetro das ITU resistentes aos antimicrobianos aumentaram tanto no hospital como na comunidade. A frequência crescente da resistência aos medicamentos tem sido atribuída a combinações de caraterísticas microbianas, à pressão de seleção bacteriana devido à utilização de antimicrobianos e a alterações sociais e tecnológicas que aumentam a transmissão da resistência aos medicamentos (Cohen, 1992).

As infecções do trato urinário estão a tornar-se frequentes devido a práticas ambientais pouco higiénicas; a imunossupressão causada por medicamentos e doenças é também igualmente responsável pelas infecções do trato urinário. As quatro infecções nosocomiais mais comuns (qualquer doença contraída por um doente enquanto está sob cuidados médicos) são as infecções do trato urinário, a infeção da ferida cirúrgica, a pneumonia e a infeção primária da corrente sanguínea. As estirpes bacterianas mais comuns que causam as ITU incluem *Escherichia coli, Staphylococcus saprophyticus, Klebsiella,* bactérias *Enterococci* e *Proteus mirabilis.* Foi efectuado um estudo em que 553 (8,7%) doentes de um total de 7056 apresentavam cultura de urina positiva (68% mulheres e 32% homens). A bactéria mais isolada foi a *E. coli* com uma taxa de frequência de 59%. As outras bactérias foram *Klebsiella, Enterobacter, Pseudomonas, Proteus*, *Acinetobacter*, *Staphylococci* coagulase positiva, *Staphylococci* coagulase negativa, *Citrobacter* e *Streptococci* a hemolytic. Todas as bactérias Gram-negativas foram mais sensíveis à amicacina (90,5-100%). Os cocos Gram-positivos isolados foram mais sensíveis à tobramicina, à canamicina e à ciprofloxacina (100%) (Amin *et al.*, 2009).

Em 2011, Acharya *et al.* estudaram que as ITU são mais comuns em mulheres jovens. *A E.coli* foi o organismo predominante isolado e constituiu todas as amostras positivas. *Enterobacter* spp. foram os segundos isolados mais comuns. Neste estudo, a maioria dos isolados urinários mostrou-se 100% resistente à ampicilina e com um elevado grau de resistência ao ácido nalidíxico, à nitrofurantoína, ao cotrimoxazol, seguido da ciprofloxacina e da gentamicina. Mais de 50% dos agentes patogénicos comuns eram resistentes à ceftriaxona. Os uropatogénios foram mais sensíveis ao Cefotaxim, à Amicacina, à Ofloxacina e à Norfloxacina. Os uropatogénios resistentes à cefalosporina de terceira geração estão a aumentar. A utilização irracional e repetida de antibióticos é a principal causa do aumento dos organismos resistentes das ITU.

Em 2009, Okonko *et al.* estudaram a incidência de infeção do trato urinário em mulheres grávidas com idades compreendidas entre os 21 e os 40 anos. A bactéria mais predominante foi a *E.coli*, em comparação com *Staphylococcus aureus*, *Klebsiella aerogenes* e *Pseudomonas aeruginosa*. As mulheres que se encontram no segundo e terceiro trimestres registaram um maior número de casos de ITU, com uma incidência de 41,4 e 55,1%, respetivamente, ao passo que as mulheres no primeiro trimestre não registaram um crescimento bacteriano específico e não apresentam sinais de ITU.

De acordo com a análise de Bano *et al.*, a incidência de ITU é mais elevada nas mulheres do que nos homens. O estudo concluiu que a *E.coli,* a Klebsiella spp. e a *S.aures* são os isolados mais comuns nas mulheres e *a E.coli* nos homens, sendo que a incidência da doença aumenta com o aumento da idade. Os testes de antibióticos mostraram que *a Klebsiella* spp. é altamente resistente à gentamicina (60%) e a menor (6%) ao meropenem. A suscetibilidade da *S. aureus* foi mais elevada à amicacina.

Tanaka *et al.,* (2005); demonstraram que os uropatogéneos isolados numa única instituição revelaram uma tendência de aumento da resistência a várias classes de agentes antimicrobianos. Além disso, devem ser antecipados problemas graves no tratamento de *P. aeroginosa* multirresistente *e E. coli* resistente a fluoroquinolonas. Obtiveram *Enterococcus faecalis* como o agente patogénico mais frequentemente isolado.

Kebira *et al.,* (2009); estudaram as ITU em diferentes grupos etários e o estado atual da multirresistência entre os isolados de *E. coli* urinária no Quénia. Na categoria com menos de 10 anos de idade, os rapazes apresentaram a prevalência mais elevada de 55% e as raparigas 45%. A distribuição etária dos sujeitos do estudo foi de 1-4 anos

(16%), 5-10 anos (46%), 11-20 anos (5%) e mais de 21 anos (73%). Todos os isolados de *Escherichia coli* (100%) foram considerados susceptíveis à Ticarcilina, Peril/Tazo, Amicacina, ofloxacina e Roceph.

Na Índia (Tamilnadu), Manikandan *et al.* (2010) estudaram o perfil de resistência dos uropatogénios. Concluíram que o trimetoprim-sulfametoxazol e o ácido nalidíxico possuem a eficácia mais elevada, enquanto a ciprofloxacina e a cefalexina possuem uma eficácia inferior. O estudo confirma que algumas bactérias continuam a ser resistentes aos antibióticos, especialmente à cefalexina e à ciprofloxacina.

Dytan *et al.* (1999) registaram um aumento da resistência à amoxicilina, ao cotrimoxazol e, ultimamente, às fluoroquinolonas devido à sua utilização generalizada. Os agentes patogénicos e os padrões de resistência podem ter mudado ao longo do ano.

De acordo com este estudo, *a E. coli* foi o isolado mais comum tanto em ambulatório como em internamento. A suscetibilidade da *E. coli* foi boa para a amicacina (88% para os doentes internados e 67% para os doentes externos) e para a cefoperazona (93% e 76%). Os doentes hospitalizados foram menos susceptíveis aos antibióticos acima referidos do que os doentes em ambulatório (Neem *et al.,* 2010), ao passo que Biadglegen e Abera (2009) analisaram 529 amostras de urina e encontraram 160 (30%) isolados bacterianos, dos quais 107 (67%) eram do sexo feminino. A espécie mais predominante isolada foi a *E. coli*, que apresentava um elevado nível de resistência antimicrobiana única e múltipla aos medicamentos, enquanto 4,4% dos isolados eram sensíveis a todos os antibióticos testados.

De acordo com Hryniewicz *et al.,* (2001), 90% dos isolados pertenciam às Enterobacteriaceae. A maioria dos isolados era suscetível à Piperacilina/Tazobactam e todos os isolados eram susceptíveis ao Meropenem. Em doentes hospitalizados, 90,7% dos isolados eram susceptíveis à Gentamicina e à Amicacina e 94,4% dos isolados eram susceptíveis à Cefepima.

Os relatórios a nível mundial sugerem um pico significativo na incidência de ITU durante alguns meses por ano. Este aumento ocorre geralmente na estação pós-verão. Foi encontrado um número máximo de isolados entre julho e setembro. Para o isolamento, foram utilizados ágar sangue de carneiro a 5% e ágar MacConkey. A resistência bacteriana a múltiplos antibióticos caracteriza a década atual. Entre o total de isolados, a resistência a múltiplos fármacos (MDR = resistência a >3 fármacos) foi mais frequentemente associada a *Enterococci* (77,8%), seguida de *Pseudomonas aeruginosa* (65,1%), *E. coli* (52,9%) e *espécies de Klebsiella* (48%). A multirresistência entre os organismos Gram-positivos também foi observada em *Staphylococcus* coagulase negativa (50%) e *Staphylococcus aureus* (38,8%).

A resistência à oxacilina foi observada em *espécies de Staphylococcus* com

Staphylococcus aureus resistente à meticilina em 34,2% e *Staphylococcus* coagulase negativo resistente à meticilina em 48,9%. Os medicamentos que mantiveram a sua utilidade para os isolados Gram-negativos foram a amicacina (47,3%), a norfloxacina (33%) e a cefotaxima (42%) (Hasan *et al.*, 2007).

Tambekar *et al.*, (2006) estudaram os índices MAR, para *E. coli* foi de 0,9, 0,85, 0,52 e 0,38 em cada estirpe. Os índices MAR para *Ps. aeruginosa* foram 0,95, 0,85, 0,61 e 0,14, para *Pr. mirabilis* foram 0,9, 0,71, 0,66, 0,57 e 0,52 e para *S. aureus* foram 0,71. O autor referiu que o índice MAR das bactérias isoladas é superior a 0,2, o que implica que as estirpes dessas bactérias são originárias de um ambiente onde são utilizados vários antibióticos. O índice MAR dos isolados no presente estudo indica que uma grande parte das bactérias foi exposta aos antibióticos, apresentando um índice MAR superior a 0,2. A maioria dos uropatogénios isolados mostrou resistência a múltiplos antibióticos nesta área.

Dharmadhikari *et al.*, (2008) descreveram o nível molecular da resistência aos antibióticos em agentes patogénicos das ITU. Descreveram que a resistência aos antibióticos nos agentes patogénicos das ITU resulta da evolução dos fármacos, o que aumenta o número de resistências aos antibióticos nos microrganismos. Da mesma forma, Chenia *et al.* (2006) isolaram o gene dos agentes patogénicos das ITU responsável pela resistência à fluoroquinolona utilizando PCR e sequenciação de ADN.

Solheim *et al.*, (2010) referiram que a infeção do trato urinário (ITU) é a infeção mais comum causada por enterococos, sendo *o Enterococcus faecalis* responsável pela maioria das infecções por enterococos. Embora tenham sido estabelecidas várias caraterísticas relacionadas com a virulência, não foram realizados estudos genómicos ou transcriptómicos abrangentes para investigar como distinguir *E. faecalis* patogénico de não patogénico na sua capacidade de causar ITU. As estirpes de diferentes origens têm uma capacidade semelhante de crescer na urina humana. As respostas transcricionais globalmente semelhantes entre as duas estirpes patogénicas e a estirpe probiótica sugerem que o potencial patogénico de uma determinada estirpe de *E. faecalis* pode, em grande medida, ser determinado pela presença de factores de aptidão e virulência, em vez do nível de expressão de tais caraterísticas.

De acordo com Ahmad *et al.* (2011), a infeção do trato urinário (ITU) é um grave problema de saúde e estima-se que cerca de seis milhões de doentes visitam os serviços de ambulatório e cerca de 300 000 são tratados nas enfermarias todos os anos por ITU em todo o mundo (Akortha e Ibadin, 2008). Com as tendências em constante mudança no que diz respeito à resistência aos medicamentos, às opções antibióticas e às considerações farmacoeconómicas, as infecções do trato urinário (ITU) continuam a ser um dos casos mais frequentemente diagnosticados, com um número estimado de 150 milhões por ano em todo o mundo. De facto, as ITU são a principal causa de bacteriemia por bactérias Gram-negativas em doentes de todas as idades e estão associadas a um elevado risco de morbilidade e mortalidade, especialmente nos idosos, sendo responsáveis por custos significativos em termos de cuidados de saúde (Azra *et al.*, 2007; Ahmadzadeh e Askarpour, 2007).

Florian *et al.*, (2006) referiram que as infecções bacterianas do trato urinário (ITU) são infecções frequentes em ambulatório, bem como na infeção nosocomial. A estratificação em ITU não complicadas e complicadas provou ser clinicamente útil. Os factores de virulência bacteriana, por um lado, e a integridade dos mecanismos de defesa do hospedeiro, por outro, determinam o curso da infeção. Nas ITU não complicadas, o espetro bacteriano é muito mais amplo, incluindo Gram-negativos e grampositivos e, frequentemente, múltiplos organismos resistentes. A terapêutica das ITU não complicadas é quase exclusivamente antibacteriana, ao passo que nas ITU complicadas os factores complicadores também têm de ser tratados. Existem dois objectivos predominantes no tratamento antimicrobiano das ITU não complicadas e complicadas: 1) Resposta rápida e eficaz à terapêutica e prevenção da recorrência do doente tratado; 2) Prevenção da emergência de resistência à quimioterapia antimicrobiana no ambiente microbiano. O principal inconveniente das terapias antibióticas actuais é a emergência e o rápido aumento da resistência aos antibióticos.

Os padrões de resistência antimicrobiana estão a proporcionar uma terapia clinicamente adequada e eficaz para as ITU. Foi realizada a suscetibilidade *in vitro* de infecções do trato urinário num hospital, centro médico infantil, contra agentes antimicrobianos. Entre 1231 isolados bacterianos, os isolados mais frequentes foram *E. coli* (38,66%), *Klebsiella* sp. (22,25%), *Streptococci* coagulase negativa (10,1%), *Pseudomonas sp.* (8,7%), *Enterococci* (8,28%), *Enterobacter sp.* (4,1%), *Staphylococcus aureus* (3,24%) e *Proteus mirabilis* (2,9%). Entre as Enterobacteriaceae, 79,80% das *E. coli* eram sensíveis à amicacina. Dos cocos Gram-positivos, 66,66% dos *Staphylococcus aureus* eram sensíveis à Vancomicina. Estes dados mostram a distribuição original de uropatógenos de ITU em crianças encaminhadas para o Centro Médico Infantil em Teerão e a emergência de estirpes multirresistentes relatada por Asheiani, *et al.*, (2012).

Hasan, (2006) descreveu as bactérias mais comuns responsáveis pelas ITUs entre as crianças hospitalizadas de vários sexos e grupos etários. O estudo foi realizado na secção de microbiologia do Hospital Pediátrico e do Instituto de Saúde Infantil. Foi incluído nesse estudo um total de cem amostras positivas. O crescimento puro das bactérias foi isolado através da inoculação das amostras em ágar Cysteine lactose Electrolyte Deficient (CLED). Os organismos foram identificados com a ajuda de testes bioquímicos. Os organismos mais frequentemente isolados neste estudo foram *E.coli* e *Klebsiella* (ambos 37%), seguidos de *Pseudomonas* (23%), *Proteus e*

Staphylococcus aureus (1% cada).

A infeção do trato urinário está entre as infecções bacterianas mais comuns que levam os doentes a procurar aconselhamento médico, perdendo apenas para a infeção do trato respiratório. Aproximadamente, 10% da população humana sofre de ITU numa determinada fase. A resistência aos antibióticos é altamente prevalente em isolados bacterianos em todo o mundo, particularmente nos países em desenvolvimento (Jha e Bapat, 2005).

Prakash e Saxena, (2013) descreveram que as bactérias Gram negativas são as mais frequentemente envolvidas na infeção do trato urinário (ITU), uma doença urinária mais comum nos países em desenvolvimento. A monitorização regular de áreas específicas permite obter conhecimentos sobre a prevalência destas bactérias nas ITU e o seu padrão de suscetibilidade é útil para os médicos escolherem o tratamento empírico correto. Os agentes patogénicos mais comuns foram *E. coli* (42,71%), *K. pneumoniae* (23,96%), *Proteus* sp. (19,79%) e Enterobacter sp. (13,54%). 90,24% das *E. coli* mostraram resistência ao ácido nalidíxico, no entanto, a amicacina mostrou 100% de sensibilidade às *E. coli* isoladas. A ciprofloxacina e o imipenem apresentaram 69,57% de resistência em *K. pneumoniae,* no entanto, a levofloxacina apresentou 100% de sensibilidade. A nitrofurantoína apresentou uma resistência de 92,30% em *Enterobacter* sp. e a maioria das quinolonas e carbenicilinas foi suscetível a *Enterobacter* sp. *Proteus* sp. foi 100% resistente à cefalosporina de terceira geração, no entanto, os carbepenemes foram altamente susceptíveis a Proteus spp. O meropenem (90,63%) foi o mais sensível entre todos os agentes patogénicos de ITU isolados e o ácido nalidíxico apresentou uma sensibilidade de 67,71% entre todos os isolados.

Nabeela *et al.* (2004) referiram que as infecções do trato urinário (ITU) se encontram entre as infecções mais frequentemente prevalecentes na prática clínica. *A Escherichia coli* é o agente causador de cerca de 85% das ITU adquiridas na comunidade, seguida da Klebsiella, que representa 6 a 17% dessas infecções. O presente estudo baseia-se na identificação do isolamento e no padrão de resistência aos antibióticos de cerca de 60 isolados bacterianos indígenas de doentes com ITU. As taxas de prevalência foram consistentes com as dos principais estudos recentes referidos na literatura, ou seja, 73% dos isolados foram identificados como *E. coli,* 16% como *K. pneumoniae* e 11% como Proteus sp. As bases de identificação incluíram caraterísticas morfo-culturais e bioquímicas. Para avaliar a amplitude da multirresistência entre estes isolados, foi utilizado o método de incorporação em meio de cultura com ampicilina, fosfomicina, cloranfenicol, tetraciclina e três aminoglicosídeos (canamicina, gentamicina e estreptomicina). Destes isolados, 30% apresentaram multirresistência a três ou mais agentes. Entre os isolados multirresistentes, 100% eram resistentes à ampicilina, 47%

à estreptomicina, 41% ao cloranfenicol, à gentamicina e à tetraciclina, 35% ofereciam resistência à canamicina e apenas 6% mostravam resistência à fosfomicina. Após o tratamento de cura com laranja de acridina, alguns dos isolados perderam a sua resistência, indicando assim a localização extracromossómica dos determinantes de resistência. O ADN plasmídico (contendo genes multirresistentes) foi isolado das células não curadas e foi transformado de forma estável nas células receptoras curadas competentes.

A elevada prevalência de resistência aos antibióticos habitualmente utilizados, como a ampicilina, a cefalotina e a tetraciclina, causou um alarme considerável. Os agentes antimicrobianos mais eficazes no nosso estudo e noutras investigações relatadas foram a amicacina e a ciprofleoxacina para bacilos Gram negativos (81%-100%). No entanto, os cocos Gram-positivos isolados foram totalmente sensíveis à canamicina e à tobramicina. Este estudo é comparável aos resultados registados por Astal *et al.,* (2002) e McIlsaac *et al.,* (2004).

As Enterobacteriaceae foram os agentes patogénicos mais frequentemente detectados, causando 84,3% das ITUs (Gales *et al.,* 2000). *A Escherichia coli* causa cerca de 85% das ITUs adquiridas na comunidade, 50% das ITUs nosocomiais e mais de 80% dos casos de pielonefrite não complicada (Bergeron, 1995). Uma citotoxina vacuolante expressa pela *E. coli* uropatogénica provoca danos definidos no epitélio renal (Guyer *et al.*, 2002). As *Klebsiella*, igualmente importantes do ponto de vista médico, são responsáveis por 6 a 17% de todas as ITU nosocomiais e apresentam uma incidência ainda mais elevada em grupos específicos de doentes de risco (Bennett *et al.,* 1995). *Proteus mirabilis* é uma causa comum de ITU em indivíduos com cateteres urinários de longa duração ou indivíduos com tractos urinários complicados. *O P. mirabilis*, apesar da sua sensibilidade aos antibióticos, pode ser difícil de eliminar através do tratamento com antibióticos. Foi levantada a hipótese de que as bactérias dentro de uma matriz de pedra estão protegidas do tratamento com antibióticos (Li *et al.,* 2002).

As resistências antimicrobianas múltiplas entre organismos gram-negativos têm sido um problema de longa data e bem reconhecido nas infecções do trato urinário. A resistência tem sido observada em vários géneros, incluindo *Escherichia, Enterobacter, Klebsiella, Proteus, Salmonella, Serratia* e *Pseudomonas* (Cohen, 1992). A fosfomicina é utilizada de forma rotineira e eficaz no tratamento de infecções não complicadas do trato urinário inferior. Estima-se que a taxa de cura clínica seja de 99% (Patel *et al.,* 1997). Os mecanismos através dos quais as bactérias contornam a ação dos medicamentos são muitos e variados, desde a impermeabilidade intrínseca até à resistência adquirida que envolve plasmídeos, transposões e mutações (Gutmann, 1985). A transformação é a técnica normalmente utilizada para a transferência de genes em estudos de ADN recombinante. A competência pode ser induzida em espécies que não são naturalmente transformáveis (por exemplo, *E. coli*) através de tratamentos químicos, como o tratamento com CaCl2 gelado seguido de um breve choque térmico. A descoberta de técnicas de transformação de *E. coli*, juntamente com manipulações de ADN *in vitro*, foi de importância crucial para o estabelecimento de métodos de engenharia genética associados ao desenvolvimento da biotecnologia moderna (Mandel e Higa, 1970).

A resistência a níveis elevados de antibióticos tem sido atribuída, na maioria dos casos, à presença de plasmídeos (Adeleke e Odelola, 1997; Bhakta *et al.*, 2003; Daini *et al.*, 2006; Diep *et al.*, 2006). Os plasmídeos mais comuns encontrados tinham 23,13 kb de tamanho. Este facto é semelhante ao de Olukoya *et al.*, (1995), Adeleke e Odelola (1997) e Diep *et al.*, (2006). 41,2% das estirpes resistentes aos medicamentos eram portadoras de plasmídeos resistentes. Foi encontrada resistência determinada por plasmídeos à amoxicilina, à tetraciclina e ao cloranfenicol. Este facto está de acordo com as conclusões de Diep *et al.*, (2006) e Han *et al.*, (2007). A emergência de plasmídeos resistentes neste estudo pode dever-se ao desejo excessivamente zeloso de tratar todas as infecções, diagnosticadas ou não, e à disponibilidade de antibióticos sem receita médica (Okeke *et al.*, 1999; Ibeachi e Mbata, 2002; Daini *et al.*, 2006). A análise do perfil plasmídico distinguiu mais estirpes do que os padrões de suscetibilidade antimicrobiana, de acordo com as conclusões de Olukoya *et al.* (1995), Adeleke e Odelola (1997) e Daini *et al.* (2005). A análise do perfil plasmídico demonstrou ser uma boa ferramenta epidemiológica na investigação de epidemias ou surtos de doenças bacterianas (Pasisi e Hecty, 1980; Mayer, 1988).

A experiência de transformação permitiu-nos detetar plasmídeos não auto-transmissíveis, enquanto a cura das estirpes resistentes dos plasmídeos resistentes com SDS mostrou que os seus genes de resistência antimicrobiana eram mediados por plasmídeos (Adeleke *et al.*, 2002; Daini *et al.*, 1995; Daini *et al.*, 2005; Diep *et al.*, 2006). A elevada prevalência de *S'. aureus* resistente a múltiplos antibióticos e resistente à meticilina entre os doentes deste estudo levanta questões importantes para o controlo de infecções neste ambiente. É também necessária uma vigilância contínua e consistente da resistência antimicrobiana em relação a agentes patogénicos importantes e habitualmente isolados de espécies estafilocócicas clinicamente significativas, a fim de constituir a base para o desenvolvimento e a aplicação de medidas que possam reduzir o peso da resistência antimicrobiana e prevenir um provável problema de saúde pública iminente.

O efeito oligodinâmico foi descoberto em 1893 como um efeito tóxico dos iões metálicos nas células vivas, algas, bolores, esporos, fungos, vírus, microrganismos procarióticos e eucarióticos, mesmo em concentrações relativamente baixas (Nageli, 1893). Este efeito antimicrobiano é demonstrado por iões de cobre, bem como de mercúrio, prata, ferro, chumbo, zinco, bismuto, ouro e alumínio. Em 1973, investigadores dos Laboratórios Battelle Columbus (Curry, 2007) realizaram uma pesquisa exaustiva de literatura, tecnologia e patentes que traçou a história da compreensão das "propriedades bacteriostáticas e higienizantes do cobre e das superfícies de ligas de cobre", demonstrando que o cobre, em quantidades muito pequenas, tem o poder de controlar uma vasta gama de bolores, fungos, algas e micróbios nocivos. O cobre e as suas ligas (latão, bronze, cuproníquel, cobre-níquel-zinco e outros) são materiais antimicrobianos naturais. As civilizações antigas exploravam as propriedades antimicrobianas do cobre muito antes de o conceito de micróbios ter sido compreendido no século XIX (Dollwet e Sorenson, 1985). As superfícies de ligas de cobre têm propriedades intrínsecas para destruir uma vasta gama de microrganismos. No interesse da proteção da saúde pública, especialmente em ambientes de cuidados de saúde com as suas populações de doentes susceptíveis, foram realizados nos últimos 10 anos muitos estudos de eficácia antimicrobiana revistos por pares sobre a eficácia do cobre na destruição de *E. coli* O157:H7, *Staphylococcus aureus* resistente à meticilina (MRSA), *Clostridium difficile,* vírus da gripe A, adenovírus e fungos (Murray *et al.,* 2003).

A utilização do cobre como agente antimicrobiano continuou até ao advento dos antibióticos disponíveis no mercado em 1932. A propagação da resistência aos antibióticos através da pressão selectiva começou e hoje tornou as bactérias resistentes aos antibióticos omnipresentes em hospitais, lares de idosos, fábricas de transformação de alimentos e instalações de criação de animais. Este facto suscitou a necessidade de diferentes abordagens para manter os microrganismos patogénicos afastados. Uma dessas alternativas é a utilização de superfícies de cobre em áreas sensíveis à higiene. Embora esta abordagem não seja nova (Dick *et al.,* 1973), perdeu importância e aceitação nas últimas décadas. Um relatório de 1983 que documenta os efeitos benéficos da utilização de latão e bronze nas maçanetas das portas para evitar a propagação de micróbios num hospital passou largamente despercebido (Kuhn, 1983). Do mesmo modo, a ideia de utilizar recipientes de cobre para tornar a água potável só muito recentemente foi reavivada como uma alternativa de baixo custo para os países em desenvolvimento (Sudha *et al.,* 2009).

A resistência bacteriana é uma grande preocupação no controlo de infecções. Sabe-se que as bactérias vivas podem ser isoladas de superfícies que contêm cobre e, num estudo recente, 294 isolados de moedas europeias de 50 cêntimos foram investigados relativamente à resistência ao cobre. Alguns dos isolados apresentaram, de facto, uma sobrevivência prolongada (1 a 3 dias) em superfícies de cobre secas, mas não em superfícies de cobre húmidas, mas nenhuma das estirpes era excecionalmente resistente ao cobre em cultura (Espirito *et al.,* 2010). A sobrevivência em moedas contendo cobre parece ser a consequência da formação de endosporos, da sobrevivência em manchas de sujidade ou de uma capacidade especial para suportar uma superfície de cobre metálico seco. Embora esta última propriedade rara ainda não seja compreendida, o aparecimento generalizado de bactérias resistentes à morte por contacto parece improvável pelas seguintes razões: (i) o ADN plasmídico é completamente degradado após a morte celular por morte por contacto, impedindo a transferência de determinantes de resistência entre organismos (Warnes *et al,* 2010), (ii) o abate por contacto é muito rápido e as células não se dividem nas superfícies de cobre, impedindo a aquisição de resistência, e (iii) o cobre e as ligas de cobre são utilizados pelos seres humanos há milhares de anos, mas ainda não foram descobertas bactérias totalmente resistentes ao abate por contacto.

Capítulo 3. Materiais e métodos

3- Materiais e métodos

3- 1 -Materiais:

3-1-1- Amostras de urina

3-1-2- Equipamentos

Os equipamentos utilizados neste estudo e as suas fontes são apresentados na tabela 1

Table 1: Equipment and instruments used in this study

Name of equipment and instrument	Type of equipment and instrument	Name of company and origin
Autoclave	Tomy SS-325	Tomy Seiko Co., Ltd., Japan
Balance	Mettler AE240	Mettler Instrument AG., Swiss
Incubator	Memmert 600/2561	Memmert GmbH, Germany
Microwave oven	Westinghouse	American science and surplus,USA
pH meter	Precision-pH meter E510	Metrohm AG, Switzerland
Ultra violet light transiluminator	Vilber lourmat	Ultra violet products Inc., USA
Water bath	Memmert WNB22	Memmert GmbH, Germany
Vortex	Vortex-mixer	Scientific Industries Inc., USA
Biological safety cabinet	Captair	Captair/ France
Microscope	Olmpus	Olmpus/ Japan
Micro-pipette	Eppendrof	Eppendrof/ Germany
Fluorescent microscope	Zeiss-axioscop	Zeiss-axioscop/ Germany

3-1-3- Produtos químicos

Os produtos químicos utilizados neste estudo e as suas fontes são apresentados no quadro 2

Table 2: Chemicals used in this study with their origins	
Chemical compounds	**Name of Company**
Absolute ethyl alcohol	BDH(England
Acetone	BDH (England)
Agar	Sigma (USA)
Agarose	Promega (USA)
Peptone	Sigma (USA)
Bromophenol blue	Sigma (USA)
Carbol fuchsin	BDH (England)
Crystal violet	Difco(USA)
Chemical compounds	**Name of Company**
Ethanol 96%	BDH (England)
Ethidium bromide	BDH (England)
Sodium chloride (NaCl)	BDH (England)
Sodium Citrate	BDH (England)
Sodium thiosulfate	BDH (England)
Beef extract	Sigma (USA)
Protease peptone	Sigma (USA)
Bile salts	BDH (England)
Pancreatic Digest of Gelatin	BDH (England)
Pancreatic Digest of Casein	BDH (England)
L-Cystine	Difco(USA)
Bromthymol Blue	BDH (England)
Meat extract	Sigma (USA)
D-Mannitol	Difco(USA)
Phenol red	BDH (England)
Di potassium hydrogen phosphate	BDH (England)
Methylene Blue	BDH (England)
Eosine Y	BDH (England)
Yeast extract	Sigma (USA)
Mixed peptone	Sigma (USA)
Lactose	Promega (USA)
Sucrose	Promega (USA)
Glucose	Promega (USA)
Ferrous sulphate	BDH (England)
Magnesium Sulfate	BDH (England)
Mono ammonium Phosphate	BDH (England)
Di potassium Phosphate	BDH (England)

3-1-4- Meios de cultura e reagentes

a. Ágar nutriente
b. Caldo de nutrientes
c. Ágar Mac-Conkey
d. Caldo MR-VP
e. Ágar citrato de Simmons
f. Reagentes IMViC
a. Reagente de Ehrlich ou reagente de Kovac
b. Vermelho de metilo
c. 40% KOH
d. 5 % α - Naftol
g. Caldo de vermelho de fenol
h. Caldo de arginina
i. Reagentes para o teste da nitrato redutase
a. Ácido sulfanílico - Reagente A
b. N,N-Dimetil-1-naftilamina - Reagente B
c. Zinco em pó
j. Teste da coagulase: Plasma sanguíneo
k. Colorações de Gram

3-1-5-Meios diferenciais e selectivos:

a. Ágar CLED (Cystine Lactose Electrolyte Deficient)
b. Ágar Mac-Conkey
c. Ágar EMB (Eosina-Metileno Azul)
d. MSA (Ágar-sal de manitol)
e. Ágar TSI (Triple Sugar Iron)

3-1-6- Testes bioquímicos:

a. Teste IMViC
b. Teste da redutase do nitrato
c. Teste da catalase
d. Teste da coagulase
e. Teste do ágar de ferro com três açúcares

Table 3: Composition of Nutrient agar	
Ingredients	**gm/100 ml**
Peptone	0.5
Beef extract	0.3
Sodium chloride	0.5
Agar	2.0
Distilled Water	100
pH	7.2 ± 0.2

Table 4: Composition of Nutrient broth	
Ingredients	**gm/100 ml**
Peptone	0.5
Beef extract	0.3
Sodium chloride	0.5
Distilled Water	100
pH	7.2 ± 0.2

Table 5: Composition of Mac-Conkey agar	
Ingredients	**gm/100 ml**
Peptone	1.7
Protease peptone	0.3
Lactose	0.1
Bile salts	0.15
Sodium chloride	0.5
Neutral red	0.003
Agar	2.0
Distilled Water	100
pH	7.2 ± 0.2

Table 6: Composition of CLED (Cystine Lactose Electrolyte Deficient) agar	
Ingredients	**gm/100 ml**
Beef Extract	3.0
Pancreatic Digest of Gelatin	0.4
Pancreatic Digest of Casein	0.4
Lactose	2.0
Agar	1.5
L-Cystine	0.0012mg
Bromthymol Blue	2.0
Distilled Water	100
pH	7.3 ± 0.2

Table 7: Composition of Mannitol Salt agar	
Ingredients	**gm/100 ml**
Peptones	1.0
Meat extract	0.1
D-Mannitol	1.0
Sodium chloride	7.5
Phenol red	0.0025
Agar	2.0
Distilled Water	100
pH	7.4 ± 0.2

Table 8: Composition of EMB (Eosine Methylene Blue) agar	
Ingredients	**gm/100 ml**
Peptone	0.1
Lactose	0.1
Di potassium hydrogen phosphate	0.2
Methylene Blue	0.0065
Eosine Y	0.04
Agar	2.0
Distilled Water	100
pH	7.1 ± 0.2

Table 9: Composition of TSI (Triple Sugar Iron) agar	
Ingredients	**gm/100 ml**
Meat extract	0.3
Yeast extract	0.3
Mixed peptone	0.2
Lactose	0.1
Sucrose	0.1
Glucose	0.1
Sodium chloride	0.5
Ferrous sulphate	0.002
Sodium thiosulfate	0.3
Phenol red	0.002
Agar	2.0
Distilled Water	100
pH	7.4 ± 0.2

Table 10: Composition of Glucose Phosphate broth	
Ingredients	**gm/100 ml**
Peptone	0.7
Glucose	0.5
Di potassium phosphate	0.5
Distilled Water	100
pH	6.9 ± 0.2

Table 11: Composition of Simmons Citrate Agar	
Ingredients	**gm/100 ml**
Magnesium Sulfate	0.02
Mono ammonium Phosphate	0.01
Di potassium Phosphate	0.01
Sodium Citrate	0.02
Sodium Chloride	0.05
Agar	2.0
Distilled Water	100
Bromothymol Blue	0.008
pH	7.3 ± 0.2

Table 12: Composition of Nitrate Broth	
Ingredients	**gm/100 ml**
Peptone	0.5
Meat extract	0.3
Potassium nitrate	0.1
Distilled Water	100
pH	7.0 ± 0.2

Table 13: Composition of Glucose carbohydrate broth	
Ingredients	**gm/100 ml**
Peptone	1.0
Sodium Chloride	0.5
BDH (England)	0.0018
Distilled Water	100
pH	7.4 ± 0.2

Table 14: Antibiotics Multi-disc Rings						
Multi-Disk Rings URINARY TRACT INFECTION						
SN	ANTIMICROBIAL	ABBV.	DISC CONTENT	ZONE DIAMETER IN MM		
				RESISTANT	INTERMEDIATE	SUSCEPTIBLE
1	Amikasin	AN	30 mcg	≤ 14	15-16	17 ≥
2	Oflaxacin	Ox	5 mcg	≤ 12	13-15	16 ≥
3	Gentamycin	G	10 mcg	≤ 12	13-14	15 ≥
4	Norfloxacin	NR	10 mcg	≤ 12	13-16	17 ≥
5	Cefaclor	CFC	5 mcg	≤ 14	15-17	18 ≥
6	Ciprofloxacin	CIP	30 mcg	≤ 15	16-20	21 ≥
7	Nitrofuantoin	NF	300 mcg	≤ 14	15-16	17 ≥
8	Cefoperazone	CPF	75 Units	≤ 15	16-20	21 ≥
9	Ceftriaxone	CTX	30 mcg	≤ 13	14-20	21 ≥
10	Cefuroxime	CR	30 mcg	≤ 14	15-17	18 ≥
11	Cefadroxil	CD	30 mcg	≤ 14	15-17	18 ≥
12	Netlimicin	NET	30 mcg	≤ 12	13-14	15 ≥

3-2 Metodologia:

3-2-1 População estudada:

O presente estudo incluiu homens e mulheres com idades compreendidas entre os 15 e os 48 anos. Este estudo foi efectuado em doentes internados na enfermaria do Sakolkar Hospital and Research Center, em Aurangabad. Um total de 40 amostras de urina foram analisadas para isolamento e identificação, e sensibilidade aos antibióticos.

3-2-2 Informações demográficas e clínicas:

Os grupos de estudo foram também estratificados por distribuição etária. Foram recolhidas informações sobre a idade, a profissão e os sintomas de ITU dos doentes.

3-2-3 Limitação da recolha de amostras:

Foram incluídos no nosso estudo doentes do sexo feminino (15-48 anos). Todos os doentes são não diabéticos.

3-2-4 Recolha de urina:

Foram colhidas amostras limpas de urina a meio do jato (MSU) em frascos universais estéreis e descartáveis de mulheres grávidas e hospitalizadas. As mulheres receberam instruções sobre como recolher as amostras e estas foram etiquetadas.

3-2-5 Esterilização de meios e materiais:

Os meios utilizados foram o ágar nutriente, o caldo nutriente, o ágar MacConkey, o ágar sal Mannital e o ágar Cystein Lactose Eletrolyte Deficient (CLED). Todos os utensílios de vidro foram lavados com detergente e enxaguados com água, sendo depois deixados a secar. As placas de vidro foram esterilizadas por autoclavagem a 121 Ib g-1 durante 15 minutos.

3-2-6 Isolamento de bactérias de amostras de urina:

O isolamento dos uropatogénios foi efectuado através de um procedimento de estrias superficiais em ágar nutriente e ágar MacConkey, utilizando anéis calibrados e incubados aerobicamente a 37°C durante 24 horas; as culturas que se tornaram negativas no final das 24 horas de incubação foram novamente incubadas durante 48 horas. Uma amostra que apresente crescimento, procede-se à identificação e ao teste de sensibilidade aos antibióticos.

3-2-7 Preservação de isolados:

Os organismos isolados foram inoculados numa lâmina de nutrientes e mantidos no frigorífico a 4°C.

3-2-8- Identificação dos isolados:

Os métodos utilizados na identificação e caraterização das bactérias isoladas incluíram a coloração de Gram seguida de exame microscópico, morfologia, motilidade e testes bioquímicos. Os isolados foram identificados utilizando meios selectivos.

3-2-8-1- Gram que declara:

As bactérias Gram+ve têm uma parede celular espessa, em forma de rede, constituída por peptidoglicano (5090% da parede celular), que se cora de púrpura, e as bactérias Gram-ve têm uma camada mais fina (10% da parede celular), que se cora de cor-derosa. As bactérias Gram-ve também têm uma membrana externa adicional que contém lípidos e está separada da parede celular pelo espaço periplasmático.

A violeta de cristal (CV) dissocia-se em soluções aquosas em CV^+ e iões cloreto Cl^- . Estes iões penetram através da parede celular e da membrana celular das células Gram+ve e Gram-ve. O ião CV^+ interage com componentes de carga negativa das células bacterianas e cora as células de púrpura. O iodo (I^- ou $I3^-$) interage com o CV^+ e forma grandes complexos de violeta cristal e iodo (CV - I) nas camadas interna e externa da célula. Quando se adiciona um descolorante, como o álcool ou a acetona, este interage com os lípidos da membrana celular. Uma célula Gram-negativa perderá a sua membrana externa e a camada de peptidoglicano ficará exposta. Os complexos CV-I são eliminados da célula Gram-ve juntamente com a membrana externa. Em contrapartida, uma célula Gram+ve fica desidratada devido a um tratamento com etanol. Os grandes complexos CV-I ficam presos no interior da célula Gram+ve devido à natureza multicamada do seu peptidoglicano.

Procedimento:

Obteve-se uma lâmina limpa e sem gordura limpando-a com água quente e sabão. Em seguida, enxaguou-se a lâmina e retirou-se o excesso de água com um pano que não largue pêlos. Colocou-se uma gota de água destilada na lâmina e, com a ajuda de uma agulha de inoculação, o isolado colhido da superfície da placa de ágar foi suave e completamente emulsionado na gota de água e espalhado finamente na lâmina de vidro. O esfregaço foi seco ao ar e passado por uma chama de Bunsen para fixação. Em seguida, a lâmina foi colocada num suporte de coloração e a amostra foi coberta com violeta cristal durante 1 minuto. Lavar brevemente com água da torneira e retirar o excesso de água. Cobriu-se a amostra com solução de iodo durante 1 minuto. Lavar com água e retirar o excesso de água. Inclinar a lâmina num ângulo de 45° e descolorar com a solução de álcool a 95% até a cor púrpura deixar de correr. Lavar imediatamente com água e retirar o excesso de água. A amostra foi coberta com safranina durante 30 segundos a 1 minuto. Lavar com água, retirar o excesso de água e deixar secar ao ar. O esfregaço foi examinado ao microscópio (lente de imersão em óleo).

3-2-8-2- Coloração de endosporos:

A coloração de endosporos foi efectuada para detetar se as bactérias produziam endosporos ou não, tendo sido preparado um esfregaço espesso dos isolados e fixado com calor. Para o efeito, a lâmina foi passada através da chama durante 20-25 vezes, arrefecendo depois a lâmina durante alguns segundos e inundando-a com a coloração de verde de malaquite durante 10 segundos. Aplicou-se a contracorante Saffranin durante 15 segundos. Em seguida, a lâmina foi lavada com água da torneira, seca ao ar e examinada microscopicamente com uma objetiva de imersão em óleo (Auronson,

1970).

3-2-8-3- Motilidade:

Pela técnica da gota suspensa:

Esta técnica utiliza uma lâmina especializada denominada lâmina "Cavidade". Trata-se de uma lâmina microscópica que tem uma cavidade no centro. A cavidade, quando coberta por uma lamela fina de vidro com uma gota de suspensão por baixo, parece uma gota suspensa sobre um poço. A lamela é selada com vaselina, de modo a fixá-la firmemente sobre a cavidade e a evitar a secagem rápida das suspensões por evaporação.

3-2-8-4- Testes bioquímicos:

Foram efectuados vários testes bioquímicos nos isolados para confirmar as suas identidades. Estes incluem IMViC (teste de indol, vermelho de metilo, vogus-proskauer, ágar citrato), TSI (ágar triplo açúcar-ferro), teste da catalase, teste da nitrato-redutase, teste da arginina desidrolase, teste dos hidratos de carbono.

3-2-8-4-1- IMViC:

Os testes IMViC são utilizados para diferenciar os entéricos (Família Enterobacteriaceae). São eles o teste do indole (caldo de triptona), os testes do vermelho de metilo e de Voges-Proskauer (caldo MR-VP) e o teste do citrato (placas de ágar citrato).

a. Ensaio de produção de indole:

Princípio:

Algumas bactérias podem produzir indol a partir do aminoácido triptofano utilizando a enzima tiptofanase. A produção de indol é detectada utilizando o reagente de Ehrlich ou o reagente de Kovac. O indol reage com o aldeído no reagente para dar uma cor vermelha. Uma camada alcoólica concentra a cor vermelha sob a forma de um anel no topo do meio.

$$\text{Tryptophan} \xrightarrow[\text{H2O}]{\text{Tryptophanase}} \text{I ndole + Pyruvic acid+ } NH_3$$

Fig. 4: Ensaio com indole

Procedimento:

O teste do indole foi efectuado cultivando os isolados em 10 mL de água de triptona estéril durante 24 horas a 37°C. O reagente de Kovacs (0,5 mL) foi então adicionado à cultura com uma pipeta. O tubo de ensaio foi agitado e examinado após um minuto (Harley e Prescott, 1990). A presença de indole foi detectada pelo aparecimento de uma camada vermelha no meio, enquanto a sua ausência foi denotada por uma camada amarela.

b. Teste MR-VP:

Princípio:

Glucose ⟶ Acetoin

Acetoin $\xrightarrow{\text{KOH}}$ Diacetytl + H_2O (atmospheric O2)

Diacetytl + Guanidine components of peptone $\xrightarrow{\text{alpha- naphthol}}$ Pink color

Fig. 5: Teste MR-VP

O meio MR-VP contém glucose, peptona e tampão fosfato. Muitos organismos entéricos podem ultrapassar a capacidade de tamponamento do meio produzindo grandes quantidades de um produto final ácido estável, baixando assim o pH. A produção de ácido é detectada utilizando o indicador de pH vermelho de metilo (vermelho pH<4,4, amarelo pH > 6). Para garantir que o ácido é estável, este teste deve ser efectuado, no mínimo, 48 horas após a inoculação.

Alguns organismos não produzem produtos finais ácidos estáveis e, em vez disso, metabolizam os ácidos em produtos finais mais neutros, como o 2,3-butanodiol. Os reagentes utilizados, no entanto, não testam o 2,3-butanodiol, mas sim o seu precursor, a acetoína.

Procedimento:

O teste do vermelho de metilo foi efectuado através da inoculação do isolado num caldo rotulado com Vermelho de Metilo - Voges Proskauer (MR-VP) por meio de uma ansa estéril. Os tubos de ensaio foram então incubados a 37°C durante 72 horas. Após a incubação, o conteúdo de cada tubo foi dividido em duas porções iguais; uma das quais foi utilizada para o teste do vermelho de metilo e a outra para o teste de Voges-Proskauer. Foram adicionadas duas gotas de indicador vermelho de metilo à porção destinada ao teste de MR (Harley e Prescott, 1990). O aparecimento de cor vermelha no meio foi registado como uma reação positiva. O método de Barritt foi empregue no teste VP. Foram adicionados 0,2 ml de hidróxido de potássio (KOH) a 40% e 0,6 ml de soluções de a-naftol à segunda porção. O aparecimento de cor vermelha denotou um teste positivo (Harley e Prescott, 1990).

c. Teste de utilização de citrato:

Princípio

Este teste detecta a capacidade de um organismo para utilizar citrato como única fonte de carbono e energia. As bactérias são inoculadas num meio que contém citrato de sódio e um indicador de pH azul de bromotimol. O meio contém também sais de amónio inorgânicos, que são utilizados como única fonte de azoto.

$$\text{Citrate} \longrightarrow \text{Oxaloacetate} + \text{Acetate}$$

$$\text{Oxaloacetate} \longrightarrow \text{Pyruvate} + CO_2$$

$$CO_2 + Na + H_2O \longrightarrow Na_2CO_3$$

Fig. 6: Teste de utilização de citrato

A utilização de citrato envolve a enzima citritase, que decompõe o citrato em oxaloacetato e acetato. O oxaloacetato é posteriormente decomposto em piruvato e CO_2 . A produção de $Na_2 CO_3$ bem como de NH_3 a partir da utilização de citrato de sódio e de sal de amónio, respetivamente, resulta num pH alcalino. Isto resulta na alteração da cor do meio de verde para azul.

Procedimento:

Utilizando um fio de platina reto, o isolado foi inoculado no meio de Citrato de Simon e incubado a 37°C durante 48 horas. A utilização de citrato foi indicada pela turvação e pela mudança de cor do meio de verde claro para azul (Brown, 2001). As culturas negativas de citrato não apresentaram crescimento nem mudança de cor no meio.

3-2-8-4-2- Ensaio em ágar ferro com açúcar triplo:

Princípio:

A peptona de caseína, a peptona mista e o extrato de levedura actuam como fonte de azoto, enxofre, carbono, vitaminas e minerais. A lactose, a sacarose e a glucose são os hidratos de carbono fermentáveis. Devido à formação de ácido durante a fermentação, o pH desce. No caso de descarboxilação oxidativa da peptona, formam-se produtos alcalinos e o pH aumenta. Este facto é indicado pelo vermelho de fenol, que muda a sua cor em meio ácido de vermelho-alaranjado para amarelo e que, ao alcalinizar-se, se torna vermelho escuro. O cloreto de sódio é utilizado para o equilíbrio osmótico. A produção de gás (CO2) é detectada pela presença de fissuras ou bolhas no meio, quando o gás acumulado escapa. As bactérias H2S-positivas reduzem o sulfato (Tiossulfato) do meio de cultura a sulfureto (H2S), que reage com o ferro. Devido a esta reação, forma-se um precipitado negro (FeS).

Procedimento

Os isolados que cresceram em placas de ágar nutriente foram colhidos com um fio de platina esterilizado e depois inoculados em placas de ágar de ferro com açúcar triplo. Os tubos foram tapados e incubados a 37°C durante 24 horas. Um controlo de ágar TSI que não foi inoculado foi também incubado juntamente com os testes (Mahon *et al,* 2007). Após a incubação, os tubos foram examinados quanto à presença de fermentação de açúcar, produção de gás e de sulfureto de hidrogénio (Harley e Prescott, 1990).

3-2-8-4-3- Ensaio de redução de nitratos:

Princípio:

O nitrato, presente no caldo, é reduzido a nitrito, que pode depois ser reduzido a óxido nítrico, óxido nitroso ou azoto. A prova de redução do nitrato baseia-se na deteção do nitrito e na sua capacidade de formar um composto vermelho quando reage com o ácido sulfanílico (reagente A) para formar um complexo (nitrito-ácido sulfanílico) que reage depois com a N,N-dimetil-1-naftilamina (reagente B) para dar origem a um precipitado vermelho (prontosil). O zinco em pó catalisa a redução do nitrato a nitrito.

3-2-8-4-4- Ensaio da catalase:

A catalase é uma enzima que converte o peróxido de hidrogénio em água e oxigénio. As bactérias que contêm esta enzima são normalmente aeróbias ou anaeróbias facultativas. Uma reação positiva é indicada pela formação contínua de bolhas quando a catalase é introduzida em colónias de bactérias.

Procedimento:

Colocou-se uma ansa cheia de cultura numa lâmina e adicionou-se 3% de H_2O_2 para observar a formação de bolhas. Um teste positivo é indicado pela formação de bolhas.

3-2-8-4-5- Teste da coagulase: (teste em lâmina)

Princípio

Este método mede a coagulase ligada. A coagulase ligada é também conhecida como fator de aglutinação. Esta liga de forma cruzada as cadeias a e p do fibrinogénio no plasma, formando um coágulo de fibrina que se deposita na parede celular. Como resultado, os cocos individuais aderem uns aos outros e observa-se a aglutinação.

Procedimento:

1. Dividir a lâmina em duas secções com um lápis de graxa. Uma deve ser identificada como "teste" e a outra como "controlo".
2. Colocar uma pequena gota de água destilada em cada zona.

3. Emulsionar as colónias de bactérias com uma gota de água para obter uma suspensão homogénea.

4. A suspensão de teste é tratada com uma gota de plasma e bem misturada com uma agulha.

5. Não colocar nada na outra gota que serve de controlo. A suspensão de controlo serve para excluir falsos positivos devido a auto aglutinação.

3-2-8-4-6- Testes de suscetibilidade aos antibióticos:

A suscetibilidade antimicrobiana dos isolados foi testada para todos os 33 isolados bacterianos através da técnica de difusão em disco (Agrawal, 1974) em ágar nutriente utilizando anéis de discos múltiplos (Quadro 14: Anéis de discos múltiplos de antibióticos)

Multi-Disk Rings URINARY TRACT INFECTION						
SN	ANTIMICROBIAL	ABBV.	DISC CONTENT	ZONE DIAMETER IN MM		
				RESISTANT	INTERMEDIATE	SUSCEPTIBLE
1	Amikasin	AN	30 mcg	≤ 14	15-16	17 ≥
2	Oflaxacin	Ox	5 mcg	≤ 12	13-15	16 ≥
3	Gentamycin	G	10 mcg	≤ 12	13-14	15 ≥
4	Norfloxacin	NR	10 mcg	≤ 12	13-16	17 ≥
5	Cefaclor	CFC	5 mcg	≤ 14	15-17	18 ≥
6	Ciprofloxacin	CIP	30 mcg	≤ 15	16-20	21 ≥
7	Nitrofuantoin	NF	300 mcg	≤ 14	15-16	17 ≥
8	Cefoperazone	CPF	75 Units	≤ 15	16-20	21 ≥
9	Ceftriaxone	CTX	30 mcg	≤ 13	14-20	21 ≥
10	Cefuroxime	CR	30 mcg	≤ 14	15-17	18 ≥
11	Cefadroxil	CD	30 mcg	≤ 14	15-17	18 ≥
12	Netlimicin	NET	30 mcg	≤ 12	13-14	15 ≥

Resistência múltipla aos antibióticos (MAR): Os índices de resistência múltipla aos antibióticos (MARI) foram calculados da seguinte forma

$$\text{MAR Index for a UTI Pathogens} = \frac{\text{Number of antibiotics to which isolates resistance}}{\text{No. of antibiotics tested}}$$

$$\text{MAR Index for a antibiotics} = \frac{\text{Number of antibiotics resistance isolates}}{\text{No. of antibiotics tested X No. of isolates}}$$

3-2-9-Cura de plasmídeos resistentes:

Teoria

As bactérias são o grande grupo de microrganismos unicelulares. Muitos deles causam doenças infecciosas em animais e seres humanos. A maior parte dos genes essenciais de uma bactéria, necessários para a sua sobrevivência em condições normais ou óptimas, estão contidos nos cromossomas. No entanto, muitas bactérias transportam também uma variedade de ADN extra-cromossómico, também conhecido como plasmídeo, que se encontra fisicamente separado do cromossoma e pode ser visualizado por lise e separação electroforética da molécula de ADN libertada. Estes plasmídeos não transportam nada de essencial para a sobrevivência em circunstâncias não stressantes, mas podem ser importantes para funções especializadas, como a capacidade da bactéria de ser resistente a antibióticos ou de formar bioflims.

Classicamente, para determinar o fenótipo conferido pelo plasmídeo, é necessário obter células sem plasmídeo que perderam o plasmídeo e determinar quais as propriedades que se perderam, se é que se perderam, e também transferir o plasmídeo para uma nova estirpe e determinar que novo fenótipo é adquirido juntamente com o plasmídeo. Alguns plasmídeos parecem ser efetivamente instáveis e podem perder-se facilmente do hospedeiro. Muitos são muito persistentes e são necessárias estratégias activas para obter uma bactéria livre de plasmídeos. Assim, para descobrir quais as propriedades da bactéria que os transporta, é essencial deslocá-los, para produzir bactérias que não possuem o plasmídeo, de modo a que as bactérias com e sem o plasmídeo possam ser comparadas.

Princípio

Vários agentes inibem a replicação de muitos plasmídeos sem inibir a replicação do ADN cromossómico. Esta inibição pode levar à perda do plasmídeo. Este fenómeno é conhecido como cura do plasmídeo. Produtos químicos como o laranja de acridina, o dodecil sulfato de sódio e o brometo de etídio, que podem intercalar-se entre as bases do ADN, são utilizados como agentes de cura. Alguns factores físicos, como a radiação UV, a temperatura e o pH, são também referidos como agentes de cura.

Procedimento

A cultura nocturna de agentes patogénicos de ITU resistentes a antibióticos foi inoculada em caldo nutriente suplementado com agentes de cura, tais como brometo de etídio 0,5 mM, seguido de laranja de acridina 0,5 mM, exposição a radiação UV elevada durante 5, 10, 15 e 20 minutos, elevada a pH 2, 3, 4, 7 e 9 e temperatura elevada a 25^0 C, 37^0 C, 45^0 C e 55^0 C e incubada durante 24 horas.

Após a incubação, estes tubos foram utilizados para o plaqueamento de relíquias. Para tal, a cultura foi diluída em série e colocada em placas de ágar nutriente. As colónias isoladas foram colhidas com dentes e transferidas para placas de ágar nutriente com e sem antibióticos. As colónias que não conseguiram crescer nas placas de ágar nutriente suplementadas com antibiótico foram contadas e os seus números foram comparados com os presentes nas placas de ágar nutriente para verificar a cura do plasmídeo.

Esta atividade de cura do plasmídeo foi novamente confirmada pelo método de ensaio de disco de antibiótico. Para o efeito, após incubação, a cultura foi esfregada em meio de ágar nutriente. As colónias obtidas foram ainda testadas quanto à suscetibilidade aos antibióticos pelo método de ensaio de disco de antibiótico.

3-2-10-Atividade ligodinâmica contra agentes patogénicos de ITU resistentes a antibióticos:

Os materiais, e em particular os metais, que são antimicrobianos em quantidades mínimas são designados oligodinâmicos. Os mais potentes são o cobre, o ferro, a prata e o ouro, e as formas antimicrobianas são iões metálicos. Os efeitos microbicidas envolvem tanto a alteração da função da membrana celular como a ligação ao ADN da célula, perturbando a reprodução celular. A ação bactericida dos iões metálicos é eficaz contra um amplo espetro de bactérias, incluindo as estirpes comuns que causam infecções e as estirpes mais virulentas resistentes aos antibióticos.

Foram selecionados para ação oligodinâmica múltiplos agentes patogénicos de ITU resistentes a antibióticos. Para a atividade oligodinâmica contra agentes patogénicos de ITU resistentes a múltiplos antibióticos, foram selecionados o cobre e o ferro. Os agentes patogénicos das ITU resistentes a múltiplos antibióticos foram incubados em caldo nutriente durante 24 horas a 37^0 C. Em seguida, foi preparado um relvado dessa cultura e foram colocados anéis metálicos de cobre e de ferro nesse relvado e incubados a 37^0 C durante 24 horas. Após a incubação, foi registada a zona de inibição em milímetros.

Capítulo 4. RESULTADOS E DISCUSSÃO

4- RESULTADOS E DISCUSSÃO

Recentemente, uma infeção do trato urinário tornou-se mais complicada e difícil de tratar, porque a utilização descontrolada de muitos antibióticos produz bactérias resistentes, que se tornaram um grande problema de saúde a nível mundial (Shiemura *et al.*, 2005). A infeção do trato urinário é uma doença frequente, sobretudo nas mulheres. Até metade das mulheres são infectadas em alguma fase das suas vidas. Nos homens, as infecções do trato urinário são raras. Isto pode dever-se ao facto de as mulheres terem uma uretra mais curta do que os homens, o que facilita o acesso das bactérias à bexiga urinária. Nos homens, a uretra mais longa e a secreção antibacteriana da próstata proporcionam proteção contra as infecções.

Foram colhidas amostras de urina no Sakolkar Life Sciences and Research Centre Aurangabad com o objetivo de determinar os agentes patogénicos bacterianos etiológicos das ITU e de determinar o padrão de sensibilidade aos antibióticos dos agentes patogénicos isolados. Em seguida, os agentes patogénicos de ITU resistentes a múltiplos antibióticos foram analisados para a cura de plasmídeos utilizando mutagénicos físicos e químicos, bem como para a ação oligodinâmica. A duração do estudo foi de outubro de 2013 a março de 2014. A população do estudo era constituída por todos os doentes que visitaram o laboratório em causa para efetuar um exame de cultura de urina.

No presente estudo, foram colhidas quarenta amostras de urina. A idade dos doentes incluídos no estudo variava entre 15 e ≥48 anos. Os doentes com antecedentes de internamento hospitalar uma semana antes da sua apresentação nos OPDs foram excluídos do estudo para excluir infecções adquiridas no hospital. Os pacientes em terapia antibiótica também foram excluídos do estudo.

Destas 40 amostras, 35 foram consideradas positivas para infeção do trato urinário e, destas, foram identificados 43 isolados (quadro 15).

Table 15: List of Patients with age, sex and UTI diagnosis				
SN	**Name of Patients**	**Age**	**Sex**	**UTI diagnosis**
1.	Poonam Ashok Dethe	34	Female	Positive
2.	Jayesh Baliram Gaikwad	35	Male	Negative
3.	Shubhada Bhausaheb Dughad	34	Female	Positive
4.	Shubham Anil Gawali	21	Male	Negative
5.	Yogesh Subhash Dube	37	Male	Positive
6.	Payal Sopan Dibare	38	Female	Positive
7.	Ujjawala Vilas Kasar	26	Female	Positive
8.	Rutuja Harichandra Gund	31	Female	Positive
9.	SantoshTulshiram Jadhav	35	Male	Negative
10.	Minal Panditrav Meshram	30	Female	Positive
11.	Sonu Ashok Jadhav	42	Male	Positive
12.	Vijay Ashok Pawar	47	Male	Negative
13.	Rrajakta Prabhakar Kadam	34	Female	Positive
14.	Shweta Chandrakant Ghule	44	Female	Positive
15.	Poonam Prakash Khandizod	36	Female	Positive
16.	Shraddha Shriram Sonune	33	Female	Positive
17.	Prajakta Vilasrao Khedkar	30	Female	Positive
18.	Mayuri Ramesh Madekar	29	Female	Positive
19.	Suresh Prakash Kolapkar	24	Male	Positive
20.	Nitesh Bapurao Sathe	39	Male	Positive
21.	Karan Nanasaheb Dhage	47	Male	Positive
22.	Deepaka Umang Rajput	43	Female	Positive
23.	Pravin Manoj Patel	41	Male	Negative
24.	Aishwarya Avinash Shinde	44	Female	Positive
25.	Kalpesh Sunil Kate	47	Male	Positive
26.	Tejas Navnath Bhise	34	Male	Positive
27.	Amruta Babasaheb Sudake	44	Female	Positive
28.	Jagmohan Madhukar Tagare	36	Male	Positive
29.	Sonali Gyandev Bhujbal	33	Female	Positive
30.	Sagar Maruti Vighane	47	Male	Positive
31.	Aashish Arun Walhekar	34	Male	Positive
32.	Shraddha Ramkrishna Walunj	26	Female	Positive
33.	Dipak Madhukar Ahire	31	Male	Positive
34.	Dinesh Shivaji Bharsakal	35	Male	Positive
35.	Madhuri Baban Akhade	30	Female	Positive
36.	Ritesh Hemant Borse	33	Male	Positive
37.	Dhanraj Devendra Borawake	30	Male	Positive
38.	Archana Kautikrao Tambe	29	Female	Positive
39.	Jayshri Deelip Chaudhari	24	Female	Positive
40.	Ashwini Maruti Shirsat	33	Female	Positive

4- 1 Isolamento de agentes patogénicos de ITU:

Foi recolhido um total de 40 amostras durante este período de estudo. Para a colheita de amostras de urina, os doentes foram aconselhados a colher uma amostra de urina limpa, apanhada a meio do jato, num recipiente estéril, de boca larga e à prova de fugas, fornecido pelo laboratório, e a levá-la para o laboratório o mais cedo possível. O isolamento e a identificação dos agentes patogénicos bacterianos foram efectuados por microscopia e métodos de cultura.

Com uma ansa calibrada padrão, foram inoculados 0,01 ml de urina em ágar nutriente, ágar Mac-Conkey (Tabela 16) e ágar Cysteine Lactose Electrolyte Deficient (CLED) e incubados aerobicamente a 37^0 C durante 18-24 h. Após a incubação, se o cfu for superior a 10^5 , considera-se que existe bacteriúria significativa e essas amostras de urina são posteriormente processadas para identificação e antibiograma do agente patogénico bacteriano. Mas, se a ufc for inferior a 10^5 , considera-se bacteriúria não significativa ou negativa. A identificação dos agentes patogénicos bacterianos foi feita com base nas reacções de Gram, na morfologia e nas caraterísticas bioquímicas (Quadro 17). Os isolados foram testados quanto à suscetibilidade antimicrobiana através da técnica de difusão em disco (Agrawal, 1974) em ágar Muller Hinton, utilizando os antibióticos prontos a usar.

Table 16: Colony characteristics of UTI pathogens on Mac-Conkey

SN	Isolates Code	Colony Characteristics On Mac-Conkey Agar	Colony Characteristics on Nutrient Agar
1.	P1	Non-lactose fermenting	Abundant, thin, white medium turns green
2.	P2	Non-lactose fermenting	Abundant, thin, white medium turns green
3.	C1	Lactose fermenting	Colonies are relatively large
4.	C2	Lactose fermenting	Colonies are relatively large
5.	K1	Lactose fermenting	Slimy, white, somewhat translucent, raised growth
6.	K2	Lactose fermenting	Slimy, white, somewhat translucent, raised growth
7.	P3	Non-lactose fermenting	Abundant, thin, white medium turns green
8.	P4	Non-lactose fermenting	Abundant, thin, white medium turns green
9.	P5	Non-lactose fermenting	Abundant, thin, white medium turns green

SN	Isolates Code	Colony Characteristics On Mac-Conkey Agar	Colony Characteristics on Nutrient Agar
10.	E1	Lactose fermenting	Large, thick, greyish white, smooth opaque or partially translucent disc like colonies.
11.	E2	Lactose fermenting	Large, thick, greyish white, smooth opaque or partially translucent disc like colonies
12.	E3	Lactose fermenting	Large, thick, greyish white, smooth opaque or partially translucent disc like colonies
13.	E4	Lactose fermenting	Large, thick, greyish white, smooth opaque or partially translucent disc like colonies
14.	E5	Lactose fermenting	Large, thick, greyish white, smooth opaque or partially translucent disc like colonies
15.	E6	Lactose fermenting	Large, thick, greyish white, smooth opaque or partially, translucent disc like colonies
16.	E7	Lactose fermenting	Large, thick, greyish white, smooth opaque or partially translucent disc like colonies
17.	E8	Lactose fermenting	Large, thick, greyish white, smooth opaque or partially translucent disc like colonies
18.	S1	Lactose fermenting	Colonies are large (2-4 mm) diameter), circular, convex, smooth, shiny, opaque and easily emulsifiable
19.	S2	Lactose fermenting	Colonies are large (2-4 mm diameter), circular, convex, smooth, shiny, opaque and easily emulsifiable
20.	P6	Non-lactose fermenting	Abundant, thin, white medium turns green
21.	P7	Non-lactose fermenting	Abundant, thin, white medium turns green
22.	P8	Non-lactose fermenting	Abundant, thin, white medium turns green
23.	P9	Non-lactose fermenting	Abundant, thin, white medium turns green
24.	E9	Lactose fermenting	Large, thick, greyish white, smooth opaque or partially translucent disc like colonies
25.	S3	Lactose fermenting	Colonies are large (2-4 mm diameter), circular, convex, smooth, shiny, opaque and easily emulsifiable
26.	E10	Lactose fermenting	Large, thick, greyish white, smooth opaque or partially translucent disc like colonies

SN	Isolates Code	Colony Characteristics on Mac-Conkey Agar	Colony Characteristics on Nutrient Agar
27.	E11	Lactose fermenting	Large, thick, greyish white, smooth opaque or partially translucent disc like colonies
28.	E12	Lactose fermenting	Large, thick, greyish white, smooth opaque or partially translucent disc like colonies
29.	E13	Lactose fermenting	Large, thick, greyish white, smooth opaque or partially translucent disc like colonies
30.	E14	Lactose fermenting	Large, thick, greyish white, smooth opaque or partially translucent disc like colonies
31.	C3	Lactose fermenting	Colonies are relatively large
32.	C4	Lactose fermenting	Colonies are relatively large
33.	P10	Non-lactose fermenting	Abundant, thin, white medium turns green
34.	P11	Non-lactose fermenting	Abundant, thin, white medium turns green
35.	C5	Lactose fermenting	Colonies are relatively large
36.	E15	Lactose fermenting	Large, thick, greyish white, smooth opaque or partially translucent disc like colonies
37.	E16	Lactose fermenting	Large, thick, greyish white, smooth opaque or partially translucent disc like colonies
38.	E17	Lactose fermenting	Large, thick, greyish white, smooth opaque or partially translucent disc like colonies
39.	E18	Lactose fermenting	Large, thick, greyish white, smooth opaque or partially translucent disc like colonies
40.	P12	Non-lactose fermenting	Abundant, thin, white medium turns green
41.	S4	Lactose fermenting	Colonies are large (2-4 mm diameter), circular, convex, smooth, shiny, opaque and easily emulsifiable

SN	Isolates Code	Colony Characteristics on Mac-Conkey Agar	Colony Characteristics on Nutrient Agar
42.	S5	Lactose fermenting	Colonies are large (2-4 mm diameter), circular, convex, smooth, shiny, opaque and easily emulsifiable
43.	K3	Lactose fermenting	Slimy, white, somewhat translucent, raised growth

Table 17: Morphological and Biochemical test of UTI pathogens													
SN	**Sample Code**	**Gram Staining**	**Motility**	**IMViC**				**TSI**				**Catalase Test**	**Probable organisms**
				Indol	MR	VP	Citrate	Glucose	Lactose	H_2S	Gas		
1.	P1	-ve, Rod	Motile	-	-	-	--	-	-	-	-	+	*Ps. aeruginosa*
2.	P2	-ve, Rod	Motile	-	-	-	--	-	-	-	-	+	*Ps. aeruginosa*
3.	C1	-ve, Rod	Motile	+	+	-	+	+	+	+	+	+	*C. freundii*
4.	C2	-ve, Rod	Motile	+	+	-	+	+	+	+	+	+	*C. freundii freundii*
5.	K1	-ve, Rod	Non-Motile	-	-	+	-	A G	A G	+	-	+	*K. pneumoniae*
6.	K2	-ve, Rod	Non-Motile	-	-	+	-	A G	A G	+	-	+	*K. pneumoniae*
7.	P3	-ve, Rod	Motile	-	-	-	--	-	-	-	-	+	*Ps. aeruginosa*
8.	P4	-ve, Rod	Motile	-	-	-	--	-	-	-	-	+	*Ps. aeruginosa*
9.	P5	-ve, Rod	Motile	-	-	-	--	-	-	-	-	+	*Ps. aeruginosa*
10.	E1	-ve, Rod	Motile	+	+	-	-	+	+	+	+	+	*E. coli*
11.	E2	-ve, Rod	Motile	+	+	-	-	+	+	+	+	+	*E. coli*
12.	E3	-ve, Rod	Motile	+	+	-	-	+	+	+	+	+	*E. coli*
13.	E4	-ve, Rod	Motile	+	+	-	-	+	+	+	+	+	*E. coli*
14.	E5	-ve, Rod	Motile	+	+	-	-	+	+	+	+	+	*E. coli*
15.	E6	-ve, Rod	Motile	+	+	-	-	+	+	+	+	+	*E. coli*
16.	E7	-ve, Rod	Motile	+	+	-	-	+	+	+	+	+	*E. coli*
17.	E8	-ve, Rod	Motile	+	+	-	-	+	+	+	+	+	*E. coli*
18.	S1	+Ve, Cocci	Non-Motile	-	+	-	-	+	+	+	-	+	*S. aureus*
19.	S2	+Ve, Cocci	Non-Motile	-	+	-	-	+	+	+	-	+	*S. aureus*
20.	P6	-ve, Rod	Motile	-	-	-	--	-	-	-	-	+	*Ps. aeruginosa*
21.	P7	-ve, Rod	Motile	-	-	-	--	-	-	-	-	+	*Ps. aeruginosa*
22.	P8	-ve, Rod	Motile	-	-	-	--	-	-	-	-	+	*Ps. aeruginosa*
23.	P9	-ve, Rod	Motile	-	-	-	--	-	-	-	-	+	*Ps. aeruginosa*
24.	E9	-ve, Rod	Motile	+	+	-	-	+	+	+	+	+	*E. coli*

SN	Sample Code	Gram Staining	Motility	IMViC				TSI				Catalase Test	Probable organisms
				Indol	MR	VP	Citrate	Glucose	Lactose	H_2S	Gas		
25.	S3	+Ve, cocii	Non-Motile	-	+	-	-	+	+	+	-	+	*S. aureus*
26.	E10	-ve, Rod	Motile	+	+	-	-	+	+	+	+	+	*E. coli*
27.	E11	-ve, Rod	Motile	+	+	-	-	+	+	+	+	+	*E. coli*
28.	E12	-ve, Rod	Motile	+	+	-	-	+	+	+	+	+	*E. coli*
29.	E13	-ve, Rod	Motile	+	+	-	-	+	+	+	+	+	*E. coli*
30.	E14	-ve, Rod	Motile	+	+	-	-	+	+	+	+	+	*E. coli*
31.	C3	-ve, Rod	Motile	+	+	-	+	+	+	+	+	+	*C. freundii*
32.	C4	-ve, Rod	Motile	+	+	-	+	+	+	+	+	+	*C. freundii*
33.	P10	-ve, Rod	Motile	-	-	-	--	-	-	-	-	+	*Ps. aeruginosa*
34.	P11	-ve, Rod	Motile	-	-	-	--	-	-	-	-	+	*Ps. aeruginosa*
35.	C5	-ve, Rod	Motile	+	+	-	+	+	+	+	+	+	*C. freundii*
36.	E15	-ve, Rod	Motile	+	+	-	-	+	+	+	+	+	*E. coli*
37.	E16	-ve, Rod	Motile	+	+	-	-	+	+	+	+	+	*E. coli*
38.	E17	-ve, Rod	Motile	+	+	-	-	+	+	+	+	+	*E. coli*
39.	E18	-ve, Rod	Motile	+	+	-	-	+	+	+	+	+	*E. coli*
40.	P12	-ve, Rod	Motile	-	-	-	--	-	-	-	-	+	*Ps. aeruginosa*
41.	S4	+Ve, cocii	Non-Motile	-	+	-	-	+	+	+	-	+	*S. aureus*
42.	S5	+Ve, cocii	Non-Motile	-	+	-	-	+	+	+	-	+	*S. aureus*
43.	K3	-ve, Rod	Non-Motile	-	-	+	-	A G	A G	+	-	+	*K. pneumoniae*

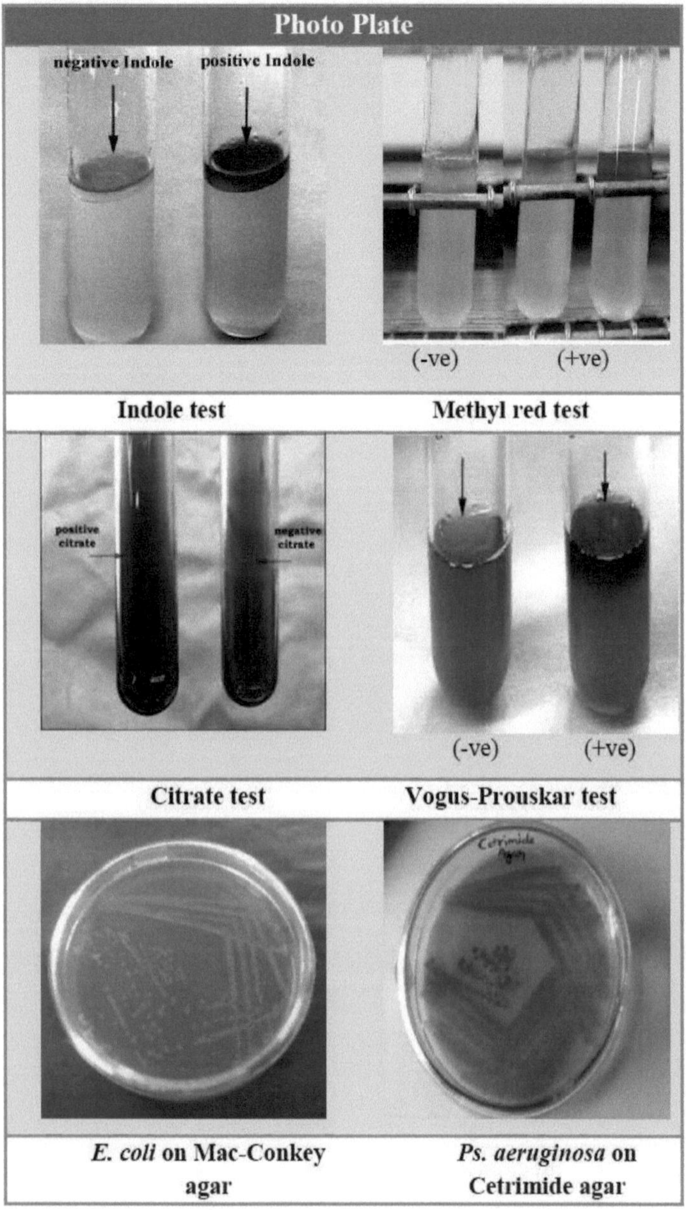

Indole test | **Methyl red test**

Citrate test | **Vogus-Prouskar test**

***E. coli* on Mac-Conkey agar** | ***Ps. aeruginosa* on Cetrimide agar**

Na presente experiência, (Tabela n.º 18) revela que, das 40 amostras, 35 foram consideradas bacteriúria significativa e as restantes 5 amostras eram bacteriúria não significativa ou contagem bacteriana muito baixa ou urina estéril. No presente estudo, dos 43 uropatógenos isolados, o isolado mais comum foi *E. coli*, o isolado bacteriano predominante (18, 42%), seguido de *Pseudomonas aeruginosa* (12, 28%), *Citrobacter freundii* (5, 12%), *Staphylococcus aureus* (5, 12%) e *Klebsiella pneumoniae* (3, 7%), que apresentaram uma frequência mínima (Fig. 7).

Table 18: Percentage of different isolated UTI pathogens

Sr. No.	Isolated Organisms	No. of isolates	Percentage (%)
1.	*Escherichia coli*	18	42
2.	*Ps. aeruginosa*	12	28
3.	*Citrobacter freundii*	5	12
4.	*Staphylococcus aureus*	5	12
5.	*K. pneumoniae*	3	7

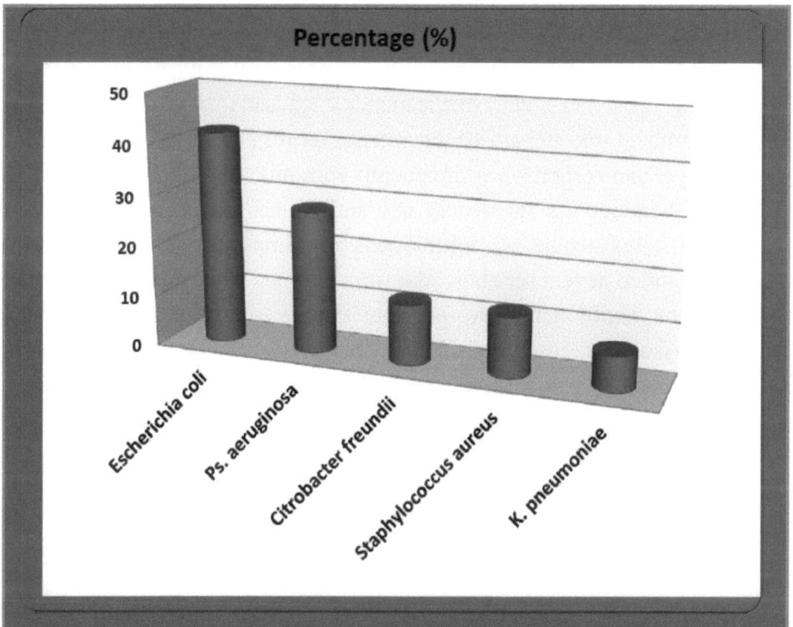

Fig. 7 : Percentage of different isolated UTI pathogens

Este estudo mostra os organismos que causam ITU entre os doentes que frequentam o Hospital de Aurangabad. A taxa de isolamento dos agentes patogénicos do trato urinário estava, em geral, de acordo com outros estudos. O número de doentes do sexo feminino com ITU foi superior ao dos do sexo masculino, mas a diferença não foi estatisticamente significativa. A maior prevalência de ITU entre as mulheres deve-se aos factores que as predispõem mais do que os homens. O agente patogénico do trato urinário mais predominante em ambos os sexos nesta investigação foi a *E. coli* e *a Pseudomonas aeruginosa.* Do mesmo modo, *a E. coli* é o agente etiológico predominante na prática comunitária. Outros agentes bacterianos incluem espécies de *Klebsiella, Enterobacter, Proteus, Pseudomonas, Staphylococcus, Streptococcus* e *Enterococcus faecalis* (Nicolle, 2001; Gorbach *et al.*, 2004).

4-2 Padrões de resistência aos antibióticos dos agentes patogénicos das ITU:

A resistência aos antibióticos causa dificuldades no tratamento das ITU e este facto exige uma utilização adequada dos antibióticos juntamente com a formulação de novos antibióticos. As ITU são geralmente curadas com antibióticos, mas esta abordagem tem alguns aspectos negativos. Devido à utilização frequente de antibióticos para as ITU e outras infecções, as bactérias desenvolvem resistência aos antibióticos, tornando-os cada vez menos eficazes. Os antibióticos também podem afetar a imunidade, tornando-a mais propensa a muitas infecções. Os doentes não tinham consciência das implicações da resistência aos medicamentos causada pelo uso incorreto de antibióticos. Também não tinham conhecimento da resistência aos antibióticos. Um terço dos doentes não respeitava o tratamento com antibióticos, contribuindo assim para o desenvolvimento da resistência aos antibióticos na sociedade. Por isso, a educação sobre a resistência aos antibióticos e a importância da observância do tratamento antibiótico devem ser abordadas principalmente nos doentes para controlar a resistência aos antibióticos. No presente estudo, foram utilizados contra os uropatogénios isolados os antibióticos Amikasin, Oflaxacin, Gentamicina, Norfloxacin, Cefaclor, Ciprofloxacin, Nitrofuantoin, Cefoperazone, Ceftriaxone, Cefuroxime, Cefadroxil e Netlimicin (quadro 19).

Table 19: Antibiotic resistance pattern of UTI Pathogens													
Sample No	Sample Code	Zone of inhibition											
		AN	Ox	G	NR	CFC	CIP	NF	CPF	CTX	CR	CD	NET
1.	P1	S	R	S	R	S	S	R	R	S	S	S	R
2.	P2	S	R	S	R	R	S	R	R	S	S	S	R
3.	C1	R	R	S	R	R	R	S	R	R	S	R	R
4.	C2	R	S	S	S	S	R	S	R	R	R	R	R
5.	K1	S	S	S	S	S	R	S	R	R	R	R	R
6.	K2	S	S	S	R	R	R	S	R	R	R	R	R
7.	P3	R	R	S	R	R	R	S	R	R	R	R	R
8.	P4	S	S	S	S	R	R	S	R	S	S	R	R
9.	P5	R	R	S	R	R	R	R	R	R	R	R	R
10.	E1	R	R	S	S	R	R	S	R	R	R	R	R
11.	E2	R	R	S	S	R	R	S	R	R	R	R	R
12.	E3	S	R	S	S	S	R	S	R	R	R	R	R
13.	E4	R	R	S	R	S	R	S	R	R	R	R	R
14.	E5	R	R	S	R	R	R	S	R	R	R	R	R
15.	E6	R	R	R	R	R	R	R	R	R	R	R	R
16.	E7	R	R	R	R	S	R	R	R	R	R	R	R
17.	E8	R	R	S	S	R	R	S	R	R	R	R	R
18.	S1	S	S	S	R	R	R	S	R	R	R	R	R
19.	S2	S	R	S	S	S	R	S	R	R	R	R	R
20.	P6	R	R	S	R	R	R	S	R	R	R	R	R
21.	P7	R	R	S	R	R	R	S	R	R	R	R	R
22.	P8	R	R	R	R	R	R	R	R	R	R	R	R
23.	P9	S	S	S	S	S	R	S	R	R	R	R	R
24.	E9	S	S	S	R	R	R	S	R	R	R	R	R
25.	S3	R	R	S	S	R	R	S	R	R	R	R	R
26.	E10	R	R	R	R	R	R	R	R	R	R	R	R
27.	E11	R	R	S	R	R	R	S	R	R	R	R	R
28.	E12	S	S	S	R	R	R	S	R	R	R	R	R
29.	E13	R	R	R	R	R	R	R	R	R	R	R	R
30.	E14	R	R	S	S	R	R	S	R	R	R	R	R
31.	C3	S	R	S	S	S	R	S	R	R	R	R	R
32.	C4	R	R	S	S	R	R	S	R	R	R	R	R
33.	P10	S	S	S	R	R	R	S	R	R	R	R	R
34.	P11	R	R	S	R	R	R	S	R	R	R	R	R
35.	C5	S	R	S	S	S	R	S	R	R	R	R	R
36.	E15	S	R	S	S	R	S	R	S	S	R	S	R
37.	E16	R	R	S	S	R	S	R	S	R	R	S	R
38.	E17	R	S	R	S	S	R	S	S	R	R	S	R
39.	E18	R	S	S	R	S	R	S	S	R	S	S	R
40.	P12	R	S	R	S	S	R	S	R	R	S	R	R
41.	S4	S	R	S	R	S	R	S	R	S	S	R	R
42.	S5	R	S	R	S	S	R	S	S	R	S	S	R
43.	K3	S	S	R	S	R	S	S	S	S	S	R	R

Nota: "Amikasin-AN, Oflaxacin-Ox, Gentamicina-G, Norfloxacina-NR, Cefaclor-CFC, Ciprofloxacina-CIP, Nitrofuantoína-NF, Cefoperazona-CPF, Ceftriaxona-CTX, Cefuroxima-CR, Cefadroxil-CD, Netlimicina-NET. "

Table 20: Multiple Antibiotic Resistance (MAR) pattern of UTI						
SN	**UTI Pathogens**	**Code**	**Resistant**	**Sensitivity**	**MAR**	**MAR %**
1.	*Pseudomonas aeruginosa*	P1	5	7	0.41	41%
2.	*Pseudomonas aeruginosa*	P2	6	6	0.5	50%
3.	*Citrobacter freundii*	C1	9	3	0.75	75%
4.	*Citrobacter freundii*	C2	7	5	0.58	58%
5.	*Klebsiella pneumoniae*	K1	6	6	0.5	50%
6.	*Klebsiella pneumoniae*	K2	8	4	0.66	66%
7.	*Pseudomonas aeruginosa*	P3	10	2	0.83	83%
8.	*Pseudomonas aeruginosa*	P4	5	7	0.41	41%
9.	*Pseudomonas aeruginosa*	P5	11	1	0.91	91%
10.	*Escherichia coli*	E1	9	3	0.75	75%
11.	*Escherichia coli*	E2	9	3	0.75	75%
12.	*Escherichia coli*	E3	7	5	0.58	58%
13.	*Escherichia coli*	E4	9	3	0.75	75%
14.	*Escherichia coli*	E5	10	2	0.83	83%
15.	*Escherichia coli*	E6	12	0	1	100%
16.	*Escherichia coli*	E7	11	1	0.91	91%
17.	*Escherichia coli*	E8	9	3	0.75	75%
18.	*Staphylococcus aureus*	S1	8	4	0.66	66%
19.	*Staphylococcus aureus*	S2	7	5	0.58	58%
20.	*Pseudomonas aeruginosa*	P6	10	2	0.83	83%
21.	*Pseudomonas aeruginosa*	P7	10	2	0.83	83%
22.	*Pseudomonas aeruginosa*	P8	12	0	1	100%
23.	*Pseudomonas aeruginosa*	P9	6	6	0.5	50%
24.	*Escherichia coli*	E9	8	4	0.66	66%
25.	*Staphylococcus aureus*	S3	9	3	0.75	75%
26.	*Escherichia coli*	E10	12	0	1	100%
27.	*Escherichia coli*	E11	10	2	0.83	83%
28.	*Escherichia coli*	E12	8	4	0.66	66%
29.	*Escherichia coli*	E13	12	0	1	100%
30.	*Escherichia coli*	E14	9	3	0.75	75%
31.	*Citrobacter freundii*	C3	7	5	0.58	58%
32.	*Citrobacter freundii*	C4	9	3	0.75	75%
33.	*Pseudomonas aeruginosa*	P10	8	4	0.66	66%
34.	*Pseudomonas aeruginosa*	P11	10	2	0.83	83%
35.	*Citrobacter freundii*	C5	7	5	0.58	58%

SN	UTI Pathogens	Code	Resistant	Sensitivity	MAR	MAR %
36.	*Escherichia coli*	E15	5	7	0.41	41%
37.	*Escherichia coli*	E16	7	5	0.58	58%
38.	*Escherichia coli*	E17	6	6	0.5	50%
39.	*Escherichia coli*	E18	5	7	0.41	41%
40.	*Pseudomonas aeruginosa*	P12	7	5	0.58	58%
41.	*Staphylococcus aureus*	S4	6	6	0.5	50%
42.	*Staphylococcus aureus*	S5	5	7	0.41	41%
43.	*Klebsiella pneumoniae*	K3	4	8	0.34	34%

Os índices de resistência múltipla a antibióticos (MARI) calculados para *E. coli* foram 1, 0,91, 0,83, 0,75, 0,66 e 0,58 (Fig. 8). Os índices MAR para a *Ps. aeruginosa* foram 1, 0,9, 0,83, 0,58 e 0,41 (Fig. 9). O índice MAR para a estirpe de *C. freundii* foi de 0,75 e 0,58 (Fig. 10). Os índices MAR para *Klebsiealla pneumoniae* foram 0,5, 0,66 e 0,34 (Fig. 11), e para *5. aureus* foram 0,75, 0,66, 0,58, 0,50 e 0,41 (Fig. 12).

A E. coli (E6, E10 e E13) de três estirpes e *a Pseudomonas aeruginosa* (P6) de uma estirpe apresentaram uma resistência de 100% aos antibióticos, enquanto *a Pseudomonas aeruginosa* (P3) e *a* E. *coli* (E7) de uma estirpe apresentaram, cada uma, uma resistência de 91% aos antibióticos. *Pseudomonas aeruginosa* (P1, P4, P5 e P9) de quatro estirpes e *E. coli* (E5 e E11) de duas estirpes apresentaram 83% de resistência aos antibióticos, enquanto *E. coli* (E1, E2, E4, E8 e E14) de cinco estirpes, *Citrobacter freundii* (C1 e C4) de duas estirpes e *Staphylococcus aureus* (S3) de uma estirpe apresentaram 75% de resistência aos antibióticos. *A E. coli* (E9 e E12) de duas estirpes e *a Klebsiella pneumoniae* (K2), o *Staphylococcus aureus* (S1) e a *Pseudomonas aeruginosa* (P8) de uma estirpe cada revelaram 66% de resistência aos antibióticos. *Citrobacter freundii* (C2, C3 e C5) de três estirpes, *E. coli* (E3, E16), *Staphylococcus aureus* (S2) e *Pseudomonas aeruginosa* (P12) de uma estirpe cada apresentaram 58% de resistência aos antibióticos, enquanto *Klebsiella pneumoniae* (K1) e *Pseudomonas aeruginosa* (P2, P7), *E. coli* (E17) e *Staphylococcus aureus* (S4), cada uma com uma estirpe, apresentaram 50% de resistência aos antibióticos. *A Pseudomonas aeruginosa* (P1), a *E. coli* (E15 e E18) e *o Staphylococcus aureus* (S5) apresentaram 41% de resistência aos antibióticos, enquanto uma estirpe de Klebsiella pneumonia (K3) apresentou 34% de resistência aos antibióticos (quadro 20).

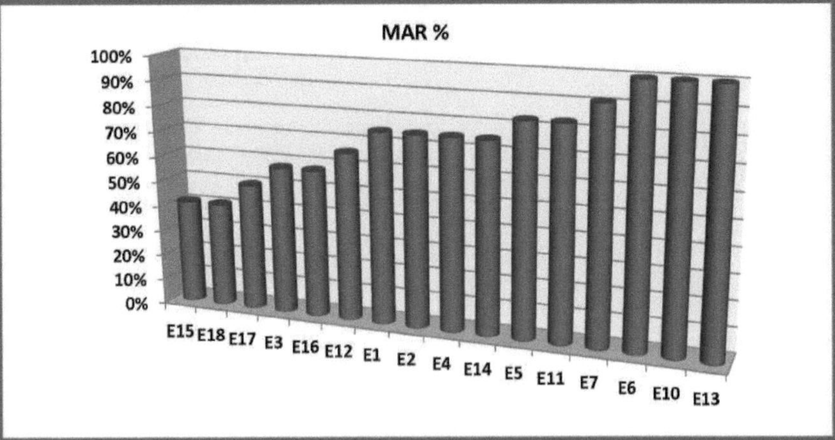

Fig. 8 :MAR index of *E.coli*

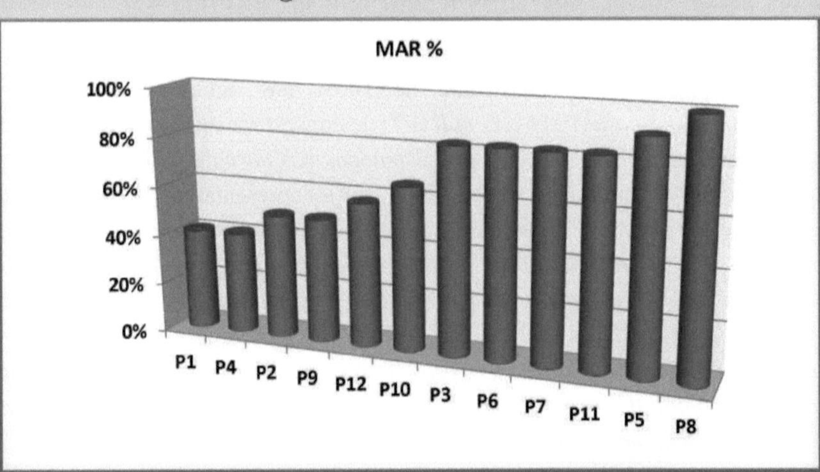

Fig. 9 : MAR index of *Pseudomonas aeruginosa*

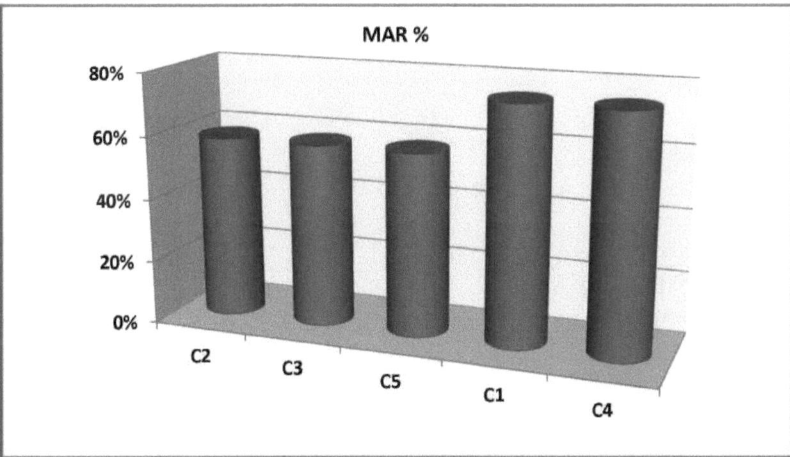

Fig. 10 : MAR index of *Citrobacter freundii*

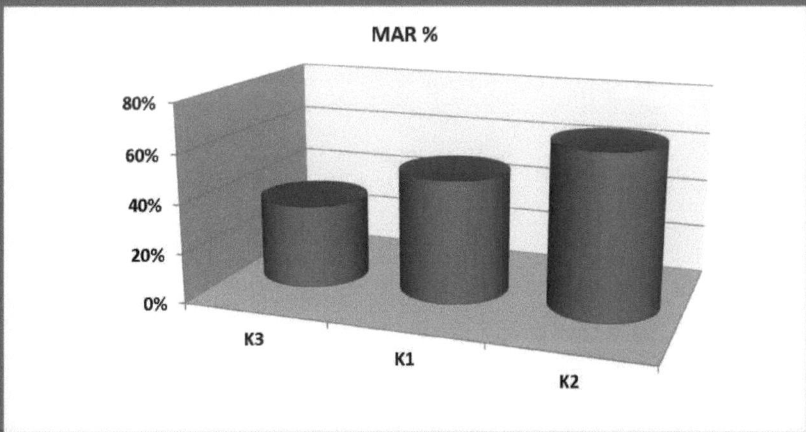

Fig. 11: MAR index of *Klebsiella pneumoniae*

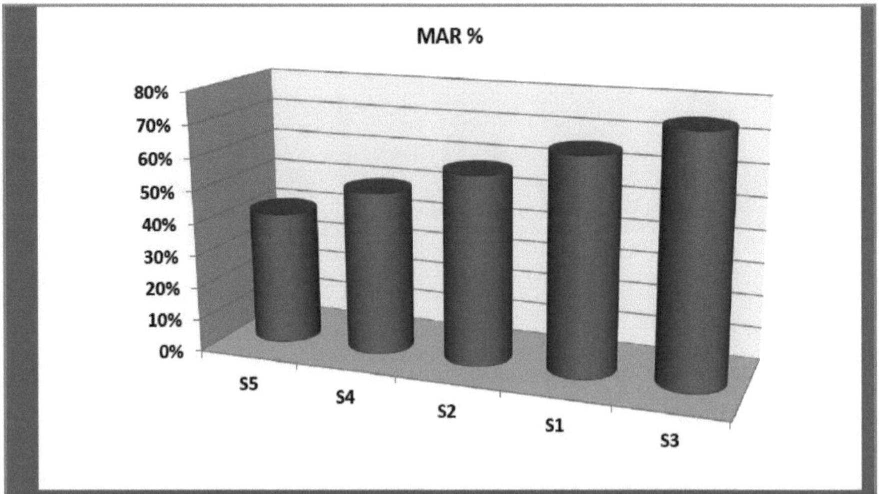

Fig. 12 : MAR index of *Staphylococcus aureus*

SN	Table 21: MAR index of antibiotics against UTI pathogens						MAR Index
	Name of Antibiotics		Sensitivity	(%)	Resistance	(%)	
1.	Amikasin	AN	17	40%	26	60%	0.050
2.	Oflaxacin	Ox	14	33%	29	67%	0.056
3.	Gentamycin	G	34	79%	9	21%	0.017
4.	Norfloxacin	NR	20	47%	23	53%	0.044
5.	Cefaclor	CFC	15	35%	28	65%	0.054
6.	Ciprofloxacin	CIP	5	12%	38	88%	0.073
7.	Nitrofiuantoin	NF	33	77%	10	23%	0.019
8.	Cefoperazone	CPF	6	14%	37	86%	0.071
9.	Ceftriaxone	CTX	6	14%	37	86%	0.071
10.	Cefuroxime	CR	9	21%	34	79%	0.065
11.	Cefadroxil	CD	7	16%	36	84%	0.069
12.	Netlimicin	NET	0	0%	43	100%	0.083

A partir da (Tabela 21), os uropatogénios isolados mostraram 100% de resistência a três antibióticos, como a Netlimicina (MARI 0,083), enquanto 88% de resistência à Ciprofloxacina (MARI 0,073) e 86% à Cefoperazona e Ceftriaxona (MARI 0,071). Os uropatogénios apresentaram 84% de resistência ao Cefadroxil (MARI 0,069), 79% à Cefuroxima (MARI 0,065), 67% à Oflaxacina (MARI 0,056), 65% ao Cefaclor (MARI

0.054), 60% para Amikasin (MARI 0,050), 53% para Norfloxacin (MARI 0,044), 23% para Nitrofuantoin (MARI 0,019) e 21% para Gentamicina (MARI 0,017). Os resultados definiram que estes uropatogénios isolados eram altamente sensíveis à Gentamicina (79%), seguida da Nitrofuantoína (77%), Norfloxacina (47%), Amikasina (40%), Cefaclor (35%) e Oflaxacina (33%).

O teste de sensibilidade a vários agentes patogénicos das ITU foi realizado com antibióticos atualmente prescritos, tais como Amikasin, Oflaxacin, Gentamicina, Norfloxacin, Cefaclor, Ciprofloxacin, Nitrofuantoin, Cefoperazone, Ceftriaxone, Cefuroxime, Cefadroxil e Netlimicin. Entre eles, a Netlimicina, a Ciprofloxacina, a Cefoperazona, a Ceftriaxona, o Cefadroxil, a Cefuroxima, a Oflaxacina, o Cefaclor e a Amikasina revelaram uma menor sensibilidade aos agentes patogénicos das ITU, enquanto a Gentamicina, a Nitrofuantoína e a Norfloxacina revelaram um nível significativo de sensibilidade a vários agentes patogénicos das ITU.

Além disso, observou-se que, entre a população estudada, a amicassina, a oflaxacina, a gentamicina, a norfloxacina, o cefaclor, a ciprofloxacina, a nitrofuantoína, a cefoperazona, a ceftriaxona, a cefuroxima, o cefadroxil e a netlimicina apresentaram uma resistência significativa por parte de *E. coli, Pseudomonas aeruginosa e Citrobacter,* mais do que outros agentes patogénicos das ITU.

Na presente experiência, a análise exaustiva dos dados relativos a doentes com ITU no Sakolkar Hospital and Research Centre, em Aurangabad, sugeriu que a resistência aos antibióticos está a aumentar significativamente nesta região específica. Dos casos analisados, confirmou-se a existência de ITU, sendo a *E. coli* o agente etiológico mais frequente. Este facto foi constatado anteriormente por Gul *et al.* (2004), Khleifat *et al.* (2006) e Shareef e Yagoub (2006).

O problema da resistência bacteriana aos antibióticos surgiu assim que os primeiros antibióticos ficaram disponíveis para utilização clínica (Raco e Barez, 1998). Este estudo é consistente com observações anteriores, em que a resistência à amoxilina em doentes com ITU era elevada (Kader *et al.,* 2004; Astal, 2005; Aboderin *et al.,* 2009), a seguir à cefradina e ao contrrimoxazol.

A E. coli continuou a ser o organismo predominante que causou ITU na maioria dos doentes examinados (Tamberkar *et al.,* 2006; Inabo e Obanibi, 2006; Akhtar khan *et al.*, 2002). A resistência aos antibióticos por parte dos microrganismos patogénicos foi reconhecida como um problema global crescente e tornou-se um fator importante a ter em conta no tratamento das infecções (Tenover e Hugles, 1996; Tamberkar *et al.,* 2006). Ehinmidu (2003) referiu que as estirpes de *E. coli, S. aureus* e *Ps. aeruginosa* eram altamente sensíveis à ciprofloxacina e à gentamicina e que estes isolados eram resistentes à ampicilina.

O índice MAR dos isolados no presente estudo indica que uma grande parte das bactérias foi exposta aos antibióticos, apresentando um índice MAR superior a 0,2. A maioria dos uropatogénios isolados apresentou resistência a múltiplos antibióticos nesta área. Tal pode dever-se ao facto de uma grande parte dos isolados bacterianos ter sido previamente exposta a vários antibióticos. Os dados do presente estudo dão uma ideia da tendência comum de aumento da resistência dos uropatogéneos aos antibióticos nesta região, o que pode dever-se a variações geográficas ou à utilização indiscriminada ou subletal de antibióticos. Estes dados não só ajudam a tratar corretamente os doentes com ITU, como também desencorajam a utilização indiscriminada de antibióticos e previnem o desenvolvimento da resistência bacteriana aos medicamentos.

A tendência para o aumento da resistência dos agentes patogénicos urinários é um fator importante, pelo que a cultura de urina e os testes de sensibilidade aos antibióticos devem ser realizados por rotina em doentes com ITU. Dependendo da suscetibilidade aos antibióticos, a terapia deve ser concebida com agentes antibacterianos com o espetro mais estreito, menor custo e poucos efeitos adversos.

Clinicamente, as estirpes de *E. coli* são agrupadas em três categorias: estirpes comensais que representam uma grande parte da flora normal, estirpes patogénicas intestinais que podem causar doenças quando ingeridas em quantidades suficientes e estirpes patogénicas que causam infecções extra-intestinais. As estirpes ExPEC podem fazer parte da flora intestinal normal e são isoladas em 11% dos indivíduos saudáveis e não causam gastroenterite no ser humano, mas estão envolvidas em infecções do trato urinário, septicemia, diversas infecções abdominais e meningite.

A maioria dos uropatógenos isolados mostrou resistência a múltiplos antibióticos nesta área. Tal pode dever-se ao facto de uma grande parte dos isolados bacterianos ter sido previamente exposta a vários antibióticos. Os dados do presente estudo dão uma ideia da tendência comum de aumento da resistência dos uropatogéneos aos antibióticos nesta região, o que pode dever-se a variações geográficas ou à utilização indiscriminada ou subletal de antibióticos. Estes dados não só ajudam a tratar corretamente os doentes com ITU, como também desencorajam a utilização indiscriminada de antibióticos e previnem o desenvolvimento da resistência bacteriana aos medicamentos.

4-3 Cura por plasmídeo de múltiplos agentes patogénicos de ITU resistentes a antibióticos:

Três estirpes de *E. coli* (E6, E10 e E13) e uma estirpe de *Pseudomonas aeruginosa* (P6) mostraram 100% de resistência aos antibióticos e foram utilizadas para a cura de plasmídeos. A cura do plasmídeo foi efectuada utilizando mutagénicos físicos e químicos.

Table 22: Potential activity of UV radiation as physical plasmid curing agent					
SN.	**UV radiation exposure in mins.**	**E6**	**E10**	**E13**	**P6**
1	5	-	-	-	-
2	10	-	-	-	-
3	15	+++	++	++	++
4	20	++++	+++	+++	+++
Note: Excellent: ++++, Good: +++, Fair: ++, No change: -					

A partir do (quadro 22), o plasmídeo da estirpe E6 foi excelentemente curado pela radiação UV a 20 minutos de exposição do que noutros intervalos de tempo de exposição à UV. As estirpes de plasmídeo E10, E13 e P6 também foram curadas por exposição UV de 20 minutos.

Table 23: Potential activity of pH as physical plasmid curing agent					
SN.	**pH**	**E6**	**E10**	**E13**	**P6**
1	2	+++	++	++	++
2	3	++	++	++	++
3	4	-	-	-	-
4	7	-	-	-	-
5	9	-	-	-	-
Note: Excellent: ++++, Good: +++, Fair: ++, No change: -					

A partir do (Quadro 23 e 24) pH e da temperatura, estes agentes de cura de plasmídeos também são eficazes para curar os plasmídeos. A temperatura 55^0 C curou de forma excelente o plasmídeo de E6 e E13.

Table 24: Potential activity of Temperature as physical plasmid curing agent					
SN.	**Temperature**	**E6**	**E10**	**E13**	**P6**
1	25⁰C	-	-	-	-
2	37⁰C	-	-	-	-
3	45⁰C	+++	++	++	++
4	55⁰C	++++	+++	++++	+++
Note: Excellent: ++++, Good: +++, Fair: ++, No change: -					

Com base no quadro 25, o brometo de etídio é um agente de cura mais eficaz do que o laranja de acridina. A estirpe E6 do plasmídeo foi eliminada de forma excelente pelo brometo de etídio.

Table 25: Potential activity of Acridine Orange and Ethidium Bromide as Chemical plasmid curing agent					
SN.	**Chemical plasmid curing agent**	**E6**	**E10**	**E13**	**P6**
1	Acridine Orange (0.5mM)	+++	++	+++	++
2	Ethidium Bromide (0.5mM)	++++	++	++	++
Note: Excellent: ++++, Good: +++, Fair: ++, No change: -					

Os protocolos para a cura de plasmídeos consistem frequentemente na exposição de uma cultura a concentrações sub-inibitórias de alguns agentes químicos, por exemplo, laranja de acridina, acriflavina e dodecil sulfato de sódio ou a uma temperatura super-óptima, seguida da seleção de derivados curados (Ghosh *et al.,* 2000).

A eficiência da cura também pode variar muito, dependendo do plasmídeo e do hospedeiro bacteriano específico que o transporta. Na maioria dos casos, o mecanismo subjacente à cura não é conhecido. O agente pode interferir diretamente com a replicação do plasmídeo, como acontece com a cura induzida pelo calor de certos plasmídeos sensíveis à temperatura ou com a cura dos mesmos por acridinas ou brometo de etídio. Em alternativa, a cura pode interferir com o crescimento de bactérias portadoras de plasmídeos, permitindo assim que segregantes sem plasmídeos que surjam espontaneamente se tornem predominantes. Isto ocorre em certos casos de cura por acridinas, dodecil sulfato de sódio e ureia. A cura por mitomicina C também é eficaz. As experiências de cura são geralmente efectuadas em condições semelhantes às utilizadas para a cultura de rotina das bactérias, a menos que se pretenda especificamente a limitação de um componente essencial. Quando o tratamento se destina a ser efectuado durante um período contínuo, o agente é utilizado numa concentração ligeiramente inferior à necessária para inibir o crescimento e o número de bactérias inicialmente é reduzido (Akinjogunla *et al.,* 2010).

Photo Plate

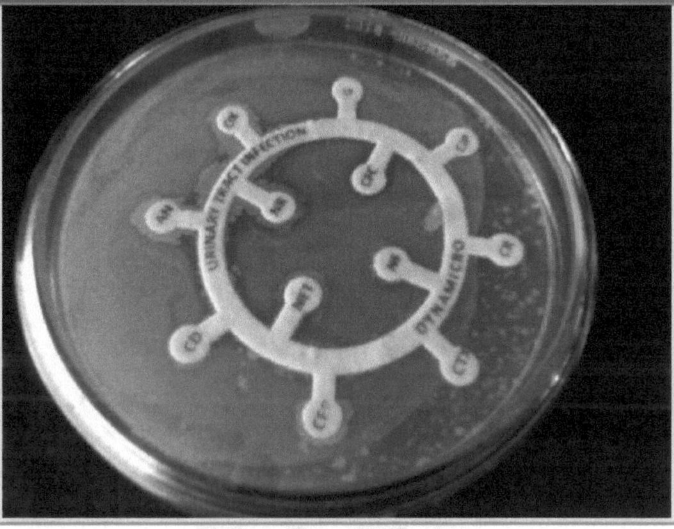

Before Plasmid Curing

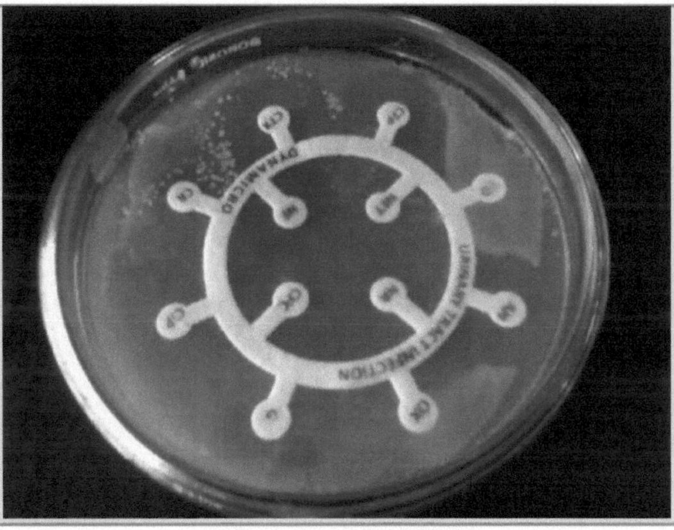

After Plasmid Curing

4-4 Ação oligodinâmica sobre os agentes patogénicos das ITU resistentes aos antibióticos:

No presente estudo, o cobre e o ferro foram selecionados devido à sua ação oligodinâmica. *A* partir do padrão de resistência aos antibióticos, três estirpes de *E. coli* (E6, E10 e E13) e *Pseudomonas aeruginosa* (P6) apresentaram 100% de resistência aos antibióticos (Quadro 26). Assim, o cobre e o ferro foram utilizados contra estes agentes patogénicos de ITU resistentes a múltiplos antibióticos.

Table 26: Oligodynamic action against multiple antibiotic resistant UTI pathogens

Strains	Zone of inhibition in mm	
	Copper	Iron
E6	30	16
E10	20	14
E13	17	15
P6	19	16

O cobre é um metal muito eficaz contra os agentes patogénicos. Os resultados também mostraram que o cobre tem uma atividade mais potencial contra os agentes patogénicos das ITU resistentes a múltiplos antibióticos. Mostrou uma maior atividade antibacteriana contra as estirpes E6, seguida das estirpes E10, P6 e E13.

As superfícies de liga de cobre têm propriedades intrínsecas para destruir uma vasta gama de microrganismos. No interesse da proteção da saúde pública, especialmente em ambientes de cuidados de saúde com as suas populações de doentes susceptíveis, foram realizados nos últimos 10 anos muitos estudos de eficácia antimicrobiana revistos por pares sobre a eficácia do cobre na destruição de *E. coli* O157:H7, *Staphylococcus aureus* resistente à meticilina (MRSA), *Clostridium difficile,* vírus Influenza A, Adenovírus e fungos (Murray *et al.*, 2003).

Photo Plate

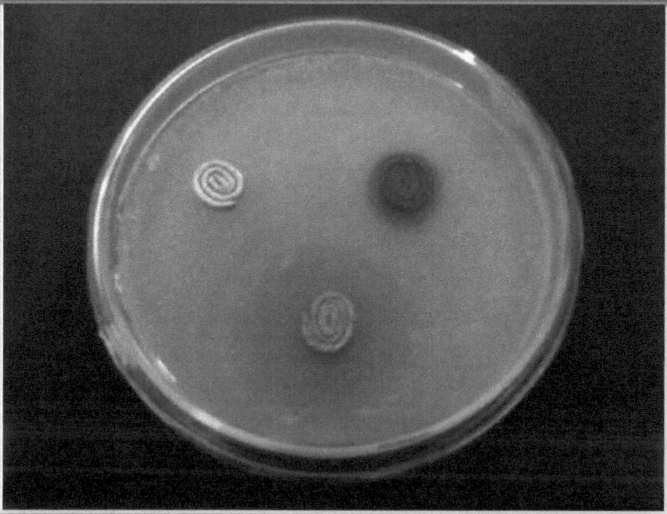

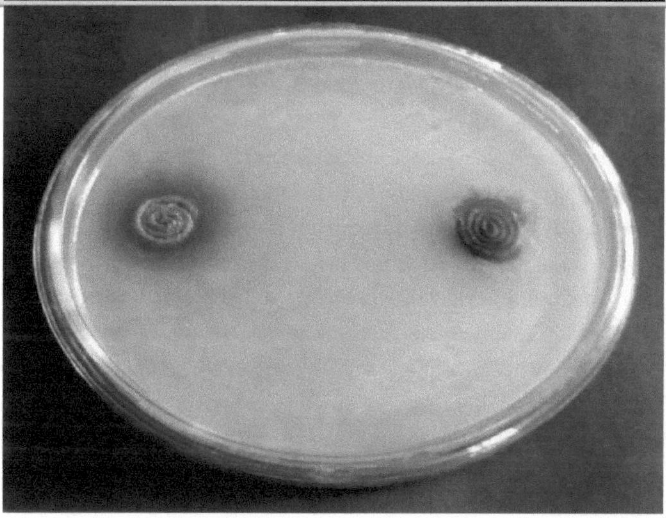

Oligodynamic action of copper and iron on multiple antibiotic resistant UTI Pathogens

Capítulo 5. RESUMO E CONCLUSÃO

5- RESUMO E CONCLUSÃO

As infecções do trato urinário (ITU) são comuns, afectam homens e mulheres de todas as idades e variam dramaticamente na sua apresentação e sequelas. São uma causa comum de morbilidade e podem conduzir a uma mortalidade significativa. Embora o trato urinário esteja normalmente livre de crescimento bacteriano, as bactérias que geralmente ascendem do reservatório rectal podem causar ITU. Quando a virulência bacteriana aumenta ou os mecanismos de defesa do hospedeiro diminuem, ocorre a inoculação bacteriana, a colonização e a infeção do trato urinário. O diagnóstico e o tratamento cuidadosos resultam, na maioria dos casos, numa resolução bem sucedida das infecções. Uma melhor compreensão da patogénese das ITU e do papel dos factores bacterianos e do hospedeiro melhorou a capacidade de identificar os doentes em risco e de prevenir ou minimizar as sequelas. As manifestações clínicas podem variar desde a colonização bacteriana assintomática da bexiga até sintomas irritativos, como a frequência e a urgência associadas à infeção bacteriana; infecções do trato superior associadas a febre, arrepios e dor no flanco; e bacteriemia associada a morbilidade grave, incluindo sépsis e morte. Os novos agentes antimicrobianos que atingem níveis elevados na urina e nos tecidos, que podem ser administrados por via oral e que não são nefrotóxicos reduziram significativamente a necessidade de hospitalização por infeção grave. A terapêutica de curta duração e os agentes antimicrobianos profilácticos reduziram a morbilidade e os custos associados à cistite recorrente nas mulheres. Embora a grande maioria dos doentes responda prontamente e seja curada pela terapêutica, a identificação e o tratamento precoces de doentes com infecções complicadas que os colocam em risco significativo continuam a ser um desafio clínico para os urologistas.

A possibilidade de contaminação aumenta à medida que a fiabilidade da técnica de colheita diminui, desde a aspiração suprapúbica à cateterização e às amostras esvaziadas. O termo *bacteriúria significativa* tem uma conotação clínica e é utilizado para descrever o número de bactérias numa amostra aspirada suprapubicamente, cateterizada ou esvaziada que excede o número normalmente causado por contaminação bacteriana da pele, da uretra, ou do prepúcio ou introito, respetivamente. Por conseguinte, representa uma ITU.

Uma primeira infeção ou infeção isolada é aquela que ocorre num indivíduo que nunca teve uma ITU ou que tem uma ITU remota de uma ITU anterior. Uma infeção não resolvida é aquela que não respondeu à terapia antimicrobiana. Uma infeção recorrente é aquela que ocorre após a resolução documentada e bem sucedida de uma infeção anterior. O termo reinfeção descreve um novo evento associado à reintrodução de bactérias no trato urinário a partir do exterior.

A persistência bacteriana refere-se a uma ITU recorrente causada pela reemergência da mesma bactéria a partir de um foco no trato urinário, como um cálculo infecioso ou a próstata. A recidiva é frequentemente utilizada de forma indistinta. Estas definições requerem uma avaliação clínica e bacteriológica cuidadosa e são importantes porque influenciam o tipo e a extensão da avaliação e do tratamento do doente.

O presente estudo incluiu homens e mulheres com idades compreendidas entre os 15 e os 48 anos. Este estudo foi efectuado em doentes internados na enfermaria do Sakolkar Hospital and Research Center, em Aurangabad. Um total de 40 amostras de urina foram analisadas para isolamento e identificação, e sensibilidade aos antibióticos.

Os grupos de estudo foram também estratificados por distribuição etária. Foram recolhidas informações sobre a idade, a profissão e os sintomas de ITU dos doentes. Os doentes do sexo feminino (15-48 anos) foram incluídos no nosso estudo. Todos os doentes são não diabéticos.

Foram colhidas amostras limpas de urina a meio do jato (MSU) em frascos universais estéreis e descartáveis de mulheres grávidas e hospitalizadas. As mulheres receberam instruções sobre como recolher as amostras e estas foram etiquetadas. Os meios utilizados foram o ágar nutriente, o caldo nutriente, o ágar MacConkey, o ágar sal Mannital e o ágar Cystein Lactose Eletrolyte Deficient (CLED). Todos os utensílios de vidro foram lavados com detergente e enxaguados com água, sendo depois deixados a secar. As placas de vidro foram esterilizadas por autoclavagem a 121 Ib g-1 durante 15 minutos.

O isolamento dos uropatogénios foi efectuado através de um procedimento de estrias superficiais em ágar nutriente e ágar MacConkey, utilizando anéis calibrados e incubados aerobicamente a 37°C durante 24 horas; as culturas que se tornaram negativas no final das 24 horas de incubação foram novamente incubadas durante 48 horas. Uma amostra que apresente crescimento, procede-se à identificação e ao teste de sensibilidade aos antibióticos.

Os métodos utilizados na identificação e caraterização das bactérias isoladas incluíram a coloração de Gram seguida de exame microscópico, morfologia, motilidade e testes bioquímicos. Os isolados foram identificados utilizando meios selectivos.

Este estudo mostra os organismos que causam ITU entre os doentes que frequentam o

Hospital de Aurangabad. A taxa de isolamento dos agentes patogénicos do trato urinário estava, em geral, de acordo com outros estudos. O número de doentes do sexo feminino com ITU foi superior ao dos do sexo masculino, mas a diferença não foi estatisticamente significativa. A maior prevalência de ITU entre as mulheres deve-se aos factores que as predispõem mais do que os homens. O agente patogénico do trato urinário mais predominante em ambos os sexos nesta investigação foi a *E. coli* e *a Pseudomonas aeruginosa.* Do mesmo modo, *a E. coli* é o agente etiológico predominante na prática comunitária. Outros agentes bacterianos incluem espécies de *Klebsiella, Enterobacter, Proteus, Pseudomonas, Staphylococcus, Streptococcus* e *Enterococcus faecalis.*

A resistência aos antibióticos causa dificuldades no tratamento das ITU e este facto exige uma utilização adequada dos antibióticos juntamente com a formulação de novos antibióticos. As ITU são geralmente curadas com antibióticos, mas esta abordagem tem alguns aspectos negativos. Devido à utilização frequente de antibióticos para as ITU e outras infecções, as bactérias desenvolvem resistência aos antibióticos, tornando-os cada vez menos eficazes. Os antibióticos também podem afetar a imunidade, tornando-a mais propensa a muitas infecções.

Os índices de resistência múltipla a antibióticos (MARI) calculados para *E. coli* foram 1, 0,91, 0,83, 0,75, 0,66 e 0,58. Os índices MAR para a *Ps. aeruginosa* foram 1, 0,9, 0,83, 0,58 e 0,41. Os índices MAR para *Klebsieallapneumoniae* foram 0,5, 0,66 e 0,34 e para *S. aureus* foram 0,75, 0,66, 0,58, 0,50 e 0,41. O índice MAR para a estirpe de *C. freundii* foi de 0,75 e 0,58.

A E. coli (E6, E10 e E13) de três estirpes e *a Pseudomonas aeruginosa* (P6) de uma estirpe apresentaram uma resistência de 100% aos antibióticos, enquanto *a Pseudomonas aeruginosa* (P3) e *a* E. *coli* (E7) de uma estirpe apresentaram, cada uma, uma resistência de 91% aos antibióticos. *Pseudomonas aeruginosa* (P1, P4, P5 e P9) de quatro estirpes e *E. coli* (E5 e E11) de duas estirpes apresentaram 83% de resistência aos antibióticos, enquanto *E. coli* (E1, E2, E4, E8 e E14) de cinco estirpes, *Citrobacter freundii* (C1 e C4) de duas estirpes e *Staphylococcus aureus* (S3) de uma estirpe apresentaram 75% de resistência aos antibióticos. *A E. coli* (E9 e E12) de duas estirpes e *a Klebsiella pneumoniae* (K2), o *Staphylococcus aureus* (S1) e a *Pseudomonas aeruginosa* (P8) de uma estirpe cada revelaram 66% de resistência aos antibióticos. *Citrobacter freundii* (C2, C3 e C5) de três estirpes, *E. coli* (E3, E16), *Staphylococcus aureus* (S2) e *Pseudomonas aeruginosa* (P12) de uma estirpe cada apresentaram 58% de resistência aos antibióticos, enquanto *Klebsiella pneumoniae* (K1) e *Pseudomonas aeruginosa* (P2, P7), *E. coli* (E17) e *Staphylococcus aureus* (S4), cada uma com uma estirpe, apresentaram 50% de resistência aos antibióticos. *Pseudomonas aeruginosa* (P1), *E. coli* (E15 e E18) e *Staphylococcus aureus* (S5) apresentaram 41% de resistência aos antibióticos, enquanto uma estirpe de Klebsiella pneumonia (K3) apresentou 34% de resistência aos antibióticos. Os uropatogénios isolados apresentaram 100% de resistência a três antibióticos, como a Netlimicina (MARI 0.083), enquanto 88% de resistência à ciprofloxacina (MARI 0,073) e 86% à cefoperazona e à ceftriaxona (MARI 0,071). Os uropatogénios apresentaram 84% de resistência ao Cefadroxil

(MARI 0,069), enquanto 79% para Cefuroxima (MARI 0,065), 67% para Oflaxacina (MARI 0,056), 65% para Cefaclor (MARI 0,054), 60% para Amikasin (MARI 0,050), 53% para Norfloxacina (MARI 0,044), 23% para Nitrofuantoína (MARI 0,019) e 21% para Gentamicina (MARI 0,017). Os resultados definiram que estes uropatogénios isolados eram altamente sensíveis à Gentamicina (79%), seguida da Nitrofuantoína (77%), Norfloxacina (47%), Amikasina (40%), Cefaclor (35%) e Oflaxacina (33%).

O teste de sensibilidade a vários agentes patogénicos das ITU foi realizado com antibióticos atualmente prescritos, tais como Amikasin, Oflaxacin, Gentamicina, Norfloxacin, Cefaclor, Ciprofloxacin, Nitrofuantoin, Cefoperazone, Ceftriaxone, Cefuroxime, Cefadroxil e Netlimicin. Entre eles, a Netlimicina, a Ciprofloxacina, a Cefoperazona, a Ceftriaxona, o Cefadroxil, a Cefuroxima, a Oflaxacina, o Cefaclor e a Amikasina revelaram uma menor sensibilidade aos agentes patogénicos das ITU, enquanto a Gentamicina, a Nitrofuantoína e a Norfloxacina revelaram um nível significativo de sensibilidade a vários agentes patogénicos das ITU.

Além disso, observou-se que, entre a população estudada, a amicassina, a oflaxacina, a gentamicina, a norfloxacina, o cefaclor, a ciprofloxacina, a nitrofuantoína, a cefoperazona, a ceftriaxona, a cefuroxima, o cefadroxil e a netlimicina apresentaram uma resistência significativa por parte de *E. coli, Pseudomonas aeruginosa e Citrobacter,* mais do que outros agentes patogénicos das ITU.

Na presente experiência, a análise exaustiva dos dados relativos a doentes com ITU no Sakolkar Hospital and Research Centre, em Aurangabad, sugeriu que a resistência aos antibióticos está a aumentar significativamente nesta região específica. Dos casos selecionados, confirmou-se a existência de ITU, sendo a *E. coli* o agente etiológico mais frequente.

A maioria dos uropatógenos isolados mostrou resistência a múltiplos antibióticos nesta área. Tal pode dever-se ao facto de uma grande parte dos isolados bacterianos ter sido previamente exposta a vários antibióticos. Os dados do presente estudo dão uma ideia da tendência comum de aumento da resistência dos uropatogéneos aos antibióticos nesta região, o que pode dever-se a variações geográficas ou à utilização indiscriminada ou subletal de antibióticos. Estes dados não só ajudam a tratar corretamente os doentes com ITU, como também desencorajam a utilização indiscriminada de antibióticos e previnem o desenvolvimento da resistência bacteriana aos medicamentos.

Três estirpes de *E. coli* (E6, E10 e E13) e uma estirpe de *Pseudomonas aeruginosa* (P6) mostraram 100% de resistência aos antibióticos e foram utilizadas para a cura de plasmídeos. A cura do plasmídeo foi efectuada utilizando mutagénicos físicos e químicos.

No presente estudo, o cobre e o ferro foram selecionados devido à sua ação oligodinâmica. *A* partir do padrão de resistência aos antibióticos, três estirpes de *E. coli* (E6, E10 e E13) e *Pseudomonas aeruginosa* (P6) apresentaram 100% de resistência aos antibióticos. Assim, o cobre e o ferro foram utilizados contra estes agentes patogénicos de ITU resistentes a múltiplos antibióticos.

O cobre é um metal muito eficaz contra os agentes patogénicos. Os resultados também mostraram que o cobre tem uma atividade mais potencial contra os agentes patogénicos das ITU resistentes a múltiplos antibióticos.

REFERÊNCIA

REFERÊNCIA

Acharya A., Gautam R. e Subedee L., (2011), Uropathogens and their antimicrobial succeptibility patterns in Bharatpur, Nepal Med Coll J13, 1, 3033.

Adcock PM, Pastor P, Medley F, Patterson JE, Murphy TV (1998). Staphylococcus aureus resistente à meticilina em dois centros de cuidados infantis. J. Infect. Dis. 178: 577-580.

Adeleke OE, Odelola HA (1997). Plasmid profices of multiple drug resistant local strains of Staphylococcus aureus Afr. J. Med. Pharm. Sci. 26: 119-121.

Adeleke OE, Odelola HA, Oluwole FA (2002). Cura da resistência aos antibióticos em estirpes clínicas de Staphylococcus aureus. Afr. J. Med. Pharm. Sci. 6: 19-25. 350 Ensaios de investigação científica

Ahmad, I., e Beg, A.Z., 2001. Estudos antimicrobianos e fitoquímicos em 45 plantas medicinais indianas contra agentes patogénicos humanos multirresistentes. J. Ethnopharmacol. 74: 113-123.

Aires de Sousa M, de Lencastre A (2004). Pontes dos hospitais para o laboratório: retratos genéticos de clones de staphylococcus aureus resistentes à meticilina. FEMS Immunol. Med. Microb. 40: 101-111.

Akinyemi KO, Alabi SA, Taiwo MA, Omonigbehin EA (1997). Padrão de suscetibilidade antimicrobiana e perfis plasmídicos de bactérias patogénicas isoladas de indivíduos com infecções do trato urinário em Lagos, Nigéria. Nig. Qt. J. Hosp. Med. 7: 7-11.

Akortha, E.E. e O.K. Ibadin, 2008. Incidência e padrão de suscetibilidade a antibióticos de *Staphylococcus aureus* entre pacientes com infeção do trato urinário (ITU) na UBTH Benin City, Nigéria. Aft. J. Biotechnol, 7(11): 1637-1640.

Amin M., H. Goodarzi, Z. Orang, S. farsi e M. Jorfi, (2011). Isolamento e identificação de espécies de *Lactobacillus* da vagina e suas propriedades antimicrobianas. Revista

Africana de Investigação em Microbiologia, 20, 3300-3304.

Amin, M., Mehdinejad, M., Pordangchi, Z., (2009). Estudo de isolados bacterianos de infecções do trato urinário e determinação da sua suscetibilidade aos antibióticos, Jundishapur Journal of Microbiology, 2, 3, 188-123.

Amorin ML, Faria NA, Oliverra DC, Vasconcelos C, Cabeda JC, Mendes AC, Calado E, Castro AP, Ramos MH, Amorin JM, de Lencastre H (2007). Alterações na Natureza Clonal e no Perfil de Resistência aos Antibióticos de Staphylococcus aureus Resistentes à Meticilina Isolados Associadas à Disseminação do Clone EMRSA-15 num Hospital Português de Cuidados Terciários. J. Chin. Microb. 45: 2881-2888

Anderson GG, Dodson KW, Hooton TM, et al. Comunidades bacterianas intracelulares de *Escherichia coli* uropatogénica na patogénese do trato urinário. Trends Microbiol 2004;12:424-30.

Anderson, Palermo, J. J., Schilling, J. D., Roth, R., Heuser, J. e Hultgren, S. J. (2003). Vagens bacterianas intracelulares semelhantes a biofilmes em infecções do trato urinário. Science, 301, 105-107.

Andrews, J. M. & BSAC Working Party on Susceptibility Testing (2009). Método de teste de suscetibilidade de disco padronizado BSAC (versão 8). J Antimicrob Chemother, 64, 454-489.

Asscher AW, Chick S, Radford N, et al. História natural da bacteriúria assintomática em mulheres não grávidas. In: Brumfitt W, Asscher AW, editores. Urinary tract infection (Infeção do trato urinário). London: University Press; 1973. p. 51.

Bano K., Khan J., Rifat, Begum H., Munir S., Akbar N., Ansari J., Anees M., (2012), Pattern of antibiotic sensitivity of bacterial pathogens among urinary tract infection (UTI) patients in a Pakistani population: Revista Africana de Investigação em Microbiologia, 6, 2, 414-420.

Bauer, A.W., W.M. Kirby, J.C. Sherris e M.Turck, (1966). Teste de suscetibilidade aos antibióticos através de um método de disco simples normalizado. Am. J. Clin. Pathol, 45, 493496.

Beilman GJ, Sandifier G, Skarda D (2005). Infecções Emergentes com Staphylococcus aureus Resistente à Meticilina Associado à Comunidade em Pacientes Externos de um Hospital Comunitário do Exército Surg. Infect. 6: 87-92.

Berger TJ, Spadaro JA, Chapin SE, Becker RO. Iões de prata gerados eletricamente: efeitos quantitativos em células bacterianas e de mamíferos. Antimicrob Agents Chemother. 1976;9:357-358.

Bhakta M, Arora S, Bal M (2003). Transferência intra-específica de um plasmídeo de resistência ao cloranfenicol de origem estafilocócica Indian J. Med. Res. 117: 146-151.

Bhattacharya, S., (2006). ESBL: do petridish ao paciente. Indian J. Med. Microbiol, 24, 20-24.

Biadglegne, F., Abera, B., (2009) Resistência antimicrobiana de isolados bacterianos de infecções do trato urinário no Hospital de Referência Felge Hiwot, Etiópia. Ethiop. J. Health dev., 25, 3, 236-238.

Blahna M.T., Zalewski C.A., Reuer J., Kahlmeter G., Foxman B. & Marrs C.F. The role of horizontal gene transfer in the spread of trimethoprim-sulfamethoxazole resistance among uropathogenic *Escherichia coli* in Europe and Canada. J Antimicrob Chemother. 2006; 57, 666-672.

Blango, M. G. &Mulvey, M. A. (2010). Persistência de *Escherichia coli* uropatogénica face a múltiplos antibióticos. Antimicrob Agents Chemother, 54, 1855-1863.

Borchert D., L. Sheridan, A. Papatsoris, Z. Faruquz, J. M. Barua, I. Junaid, Y. Patil, F. Chinegwundoh, e N. Buchholz (2008). Prevenção e tratamento da infeção do trato urinário com probióticos. Jornal Indiano de Urologia, 24, 139-144.

Brzuszkiewicz, E., Bruggemann, H., Liesegang, H., Emmerth, M., Oelschlaeger, T., Nagy, G., Albermann, K., Wagner, C., Buchrieser, C. e outros autores (2006). Como se tornar um auropatogénio: análise genómica comparativa de estirpes *de Escherichia coli* patogénicas extra-intestinais. ProcNatlAcadSci USA, 103, 12879 -12884.

Burbigeka, Rethik A. B., Colony A., Bauer S. B., Lebowitz, (1984). Infeção do trato urinário em rapazes; ournals of urology , 132, 541-542

Carlet J, Mainardi JL: Antibacterial agents: back to the future. Podemos viver apenas com colistina, co-trimoxazol e fosfomicina? *Clin Microbiol Infect* 2012, no prelo.

Chaudhury, R., Panda, S., e Singh, D.V., 2012. Emergência e disseminação da resistência aos antibióticos: Aglobal problem. Indian J. Med. Microbiol. 30: 384-390.

Cheesebrough M (2000). Medical Laboratory Manual for Tropical Countries vol. II, Microbiology, Cambridge University Press, Londres, pp. 136-142.

Chen KT, Huard RC, Della-Latta P, Lisa S (2006). Prevalência de estafilococos sensíveis à meticilina e resistentes à meticilina em mulheres grávidas Obste. Gyne. 108: 482-287.

Chenia H. Y., B. Pillay e D. Pillay, (2006). Análise dos mecanismos de resistência às fluoroquinolonas no trato urinário. Journal of antimicrobial chemotherapy, 58, 1274-1278.

Chow JW, Thal LA, Perri MB, Vazquez JA, Donabedian SM, *et al.* (1993) A produção de hemolisina e de substância de agregação associada a plasmídeos contribui para a virulência na endocardite enterocócica experimental. Antimicrob Agents Chemother, 37, 2474-2477.

Chu CS, McManus AT, Pruitt BA Jr, Mason AD Jr. Efeitos terapêuticos de pensos de nylon prateado com corrente direta fraca em feridas de queimaduras infectadas com Pseudomonas aeruginosa. J Trauma. 1988;28:1488-1492.13.US Patent #5,322,52014. Milder FL. Antimicrobial action of oligodynamic iontophoretic polyurethane (Ação antimicrobiana do poliuretano iontoforético oligodinâmico). Implemed, Inc., Watertown, Massachusetts. junho de 1995.

Clarridge J. E., (2004). Impacto da análise da sequência do gene 16S rRNA para identificação de bactérias na microbiologia clínica e nas doenças infecciosas. Clinical microbiology review, 17, 840-862.

Coates, A., Hu, Y., Bax, R., e Page, C., 2002. The future challenges facing the development of new antimicrobial drugs. Nat. Rev. Drug Discov.1: 895-910.

Coronado F, Nicholas JA, Wallace BJ, Kohlerschmidt DJ, Musser K, Schoonmaker-

Boppo D, J (2007) Infecções cutâneas por Staphylococcus aureus resistentes à meticilina associadas à comunidade numa comunidade religiosa, Epidemiol. Infect. 135: 492-50

Cowan ST (1985). Cowan and Steel Manual for Identification of Medical Bacteria 3 Edition, Cambridge University Press, London pp. 54-120.

Daini OA, Ogbolu DO, Ogunledun A (2005). Resistência às quinolonas e plasmídeos R

de alguns bacilos entéricos Gram-negativos. Afr. J. Clin. Exp. Micro. 6: 14-20.

Daini OA, Ogbolu DO, Ogunledun A (2006). Resistência às quinolonas determinada por plasmídeo em isolados clínicos de bacilos entéricos Gram-negativos. Afr. Med. Sci. 35: 437-441.

Dajani AS, Taubert KA, Wilson W, et al. Prevenção da endocardite bacteriana: recomendações da American Heart Association. JAMA 1997;277: 1794801.

David MD, Kearus AM, Gossain S, Ganner M, Holmes A (2006). Staphylococcus aureus resistente à meticilina associado à comunidade: transmissão nosocomial numa unidade neonatal. J. Hosp. Infect. 64: 244-250.

Davis CP, Anderson MD, Hoskins S, Warren MM. Sobrevivência de eléctrodos e bactérias com iontoforese em urina sintética. J Urol. 1992;147:1310-1313.

Dharmadhikari S. M. e S. A. Peshwe, (2008). Estudos a nível molecular sobre antibióticos múltiplos e resistências séricas em agentes patogénicos das ITU. Revista Indiana de Biotecnologia, 8, 40-45.

Dick, R. J., J. A. Wray, e H. N. Johnston. 1973. A literature and technology search on the bacteriostatic and sanitizing properties of copper and copper alloy surfaces.Battelle Columbus Laboratories, Columbus, OH.

Diep BA, Chambers HF, Graber CJ, Szumewski JD, Miller LG, Han LL, Chen JH, Lin F (2008). Emergência de Staphylococcus aureus resistentes a múltiplos fármacos, associados à comunidade, resistentes à meticilina. Clone USA 300 em homens que fazem sexo com homens. Ann. Intern. Med. 148: 1-17.

Diep BA, Gill SR, Chang RF, Plan TH, Chen JH, Davidson MG, (2006). Sequência genuína completa de USA 300, um clone epidémico de Staphylococcus aureus resistente à meticilina adquirido na comunidade. Lancet 367: 731-739.

Dollwet, H.H.A. and Sorenson, J.R.J. Historic uses of copper compounds in medicine,*Trace Elements in Medicine,* Vol. 2, No. 2, 1985, pp. 80-87.

Dytan A.T. Nd Chua J. A., (1999). Vigilância de agentes patogénicos e padrão de resistência na infeção do trato urinário; Phil J Microbiology infect, 28:11-14.

Ebie, MY, Kandakai-Olukemi, YT, Ayanbadejo, J, Tanyigna, KB, (2001). Infecções do trato urinário num Hospital Militar Nigeriano. Níger. J. Microbiol, 15(1), 313.

Edmund MB, Wallace SE, McClish DK, Pfaller MA, Jones RN Wenzel RP (1999). Nosocomial Bloodstream Infections in United States Hospitals, a three year analysis Clin Infect. Dis. 29: 239-244.

Eknoyan G, Qunibi WY, Grissom RT, et al. Necrose papilar renal: uma atualização. Medicine (Baltimore) 1982;61:55-73.

Elliott TS, Reed L, Slack RC, et al. Bacteriologia e ultra-estrutura da bexiga em doentes com infecções do trato urinário. J Infect 1985;11: 191-9.

Emori TG, Gaynes RP (1993). An overview of nosocomial infections including the role of microbiology Laboratory Clin. Microbiol. Rev. 6: 428-442.

Espirito Santo, C., P. V. Morais, e G. Grass. 2010. Isolamento e caraterização de bactérias resistentes a superfícies de cobre metálico. Appl. Environ. Microbiol. 76:1341-1348. [PMC free articlelfPubMedl.

Falagas M. E., G. I. Betsi, T. Tokas e S. Athanasiou, (2006). Probiotics for prevention of recurrent urinary tract infections in women (Probióticos para a prevenção de infecções recorrentes do trato urinário em mulheres). Artigo de revisão, 9,1253-1261.

Faria NA, Oliveira DC, Westh H (2005). Epidemiologia do Staphylococcus aureus resistente à meticilina (MRSA) emergente na Dinamarca: um estudo nacional num país com baixa prevalência de infeção por MRSA J. Clin. Microb. 43: 18361842.

Foxman B. Epidemiology of urinary tract infections: incidence, morbidity, and economic costs (Epidemiologia das infecções do trato urinário: incidência, morbilidade e custos económicos). Am J Med 2002;113(Suppl. 1A):5S-13S.

Getenet Beyene. e Wondewosen Tsegaye, (2010), Bacterial uropathogens in urinary tract infection and antibiotic succeptibility pattern in JMMA university specialized hospital, south west Ethiopia, Ethiop J Health Sci, 21.

Gold, H.S., 2001. Enterococos resistentes à vancomicina: Mecanismos e observações clínicas. Clin. Infect. Dis., 33, 210-219.

Gootz, T.D., 2010. O problema global da resistência aos antibióticos. Crit. Rev. Immun. 30: 79-93.

Gorak EJ, Yamada SM, Brown JD (1999). Staphylococcus aureus resistente à meticilina adquirido na comunidade em adultos e crianças hospitalizados sem factores de risco conhecidos. Clin. Infect. Dis. 29: 797-800.

Gorbach SL, Bartlett JG, Blacklow NR. Infectious Diseases (Doenças Infecciosas). Philadelphia: Lippincott Williams & Wilkins; 2004.

Groeger JS, Lucas AB, Thaler HT, et al. Infectious morbidity associated with longterm use of venousaccess devices in patients with cancer. Ann Intern Med. 1993;119:1168-1174.

Gross PA, Harkavy LM, Barden GE, Flower MF (1976). The epidemiology of nosocomial Enterococcal urinary tract infection. Am J Med Sci., 272, 75-81.

Gupta K, Scholes D, Stamm WE. Aumento da prevalência da resistência antimicrobiana entre os uropatógenos que causam cistite aguda não complicada em mulheres. JAMA 1999;281:736-8.

Gupta, K.A., D. Scholesand e W.E.Stamm, (1999). Aumento da prevalência da resistência antimicrobiana entre os urophathogs que causam cistite aguda não complicada em mulheres.J.Am. Med.Assoc., 281, 736-738.

H. S. Yu, J. C. Lee, H. Y. Kang, D. W. Ro, J. W. Chung, (2003). Alterações nas cassetes genéticas de integrões de classe 1 entre isolados de *E. coli* de amostras de Arine recolhidas em Koria durante as últimas duas décadas. Jornal de microbiologia clínica, 41, 5429-5433.

Hall RE, Bender G, Marquis RE. Inhibitory and cidal antimicrobial actions of electrically generated silverions. J Oral Maxillofac Surg. 1987;45:779-784.

Han LL, McDougal LK, Gorwitz RJ (2007). Elevadas frequências de resistência à clindamicina e à tetraciclina em Staphylococcus aureus resistente à meticilina, isolados do tipo pulsado - campo USA 300 recolhidos no centro de saúde ambulatório de Boston. J. Clin. Microb. 45: 1350-1352.

Hancock LE, Gilmore MS (2006). Patogenicidade dos Enterococos. In: Fischetti VA, Novick RP, Ferretti JJ, Portnoy DA, Rood JI, eds. Gram-positive pathogens. Washington DC: ASM Press, 299-311.

Harnandez, S.P., 2005. Responsible use of antibiotics in aquaculture (Utilização responsável de antibióticos na aquicultura). FAO Fisheries Technical Paper.469: 97.

Hasan, A. S., Nair D, kaur J, Baveja G, Deb M, Agrawal P.,(2007) Resistance patterns of urinary isolates in a tertiary Indian hospital J Ayub Med Coll Abbottabad, 19, 1.

Head K.A., (2008). Natural aproaches to prevetion and treatment of infection of the lower urinary tract. Revista de medicina alternativa, 13, 227-244.

Hidron AI, Kourbatova EV, Halvosa JS, Terrell BJ, McDougal LK, Tenover FC (2005). Factos de risco para a colonização com Staphylococcus aureus resistente à meticilina (MRSA) em doentes internados num hospital urbano - emergência de transporte nasal de MRSA associado à comunidade Clin. Infect. Dis. 41: 159-166.

Honahan D (1983). Estudos sobre a transformação de Escherichia coli com plasmídeos. J. Mol. Biol. 166: 557-580.

Hooton TM, Stamm WE. Gestão da infeção aguda não complicada do trato urinário em adultos. Med Clin North Am 1991;75:339-57.

Hotu B, Ellenbogen C, Hayden MK, Aroutcheva A, Rice TW, Weinstein RA (2007). Infecções da pele e dos tecidos moles por Staphylococcus aureus resistente à meticilina associadas à comunidade num hospital público: a habitação pública e o encarceramento amplificam a transmissão? Arch. Intern. Med. 167: 1026-1033.

Hryniewicz, K., Szczypa, K., Sulikowska, A. Jankowski, K., Betlejewska, K., Hryniewicz, W., (2001). Antibiotic susceptibility of bacterial strains isolated from urinary tract infections in Poland (Suscetibilidade antibiótica de estirpes bacterianas isoladas de infecções do trato urinário na Polónia). Journal of antimicrobial chemotherapy, 47, 773-780.

Hryniewicz, K., Szczypa, K., Sulikowska, A. Jankowski, K., Betlejewska, K., Hryniewicz, W., (2001). Antibiotic susceptibility of bacterial strains isolated from urinary tract infections in Poland (Suscetibilidade antibiótica de estirpes bacterianas isoladas de infecções do trato urinário na Polónia). Journal of antimicrobial chemotherapy, 47:773-780

Hughes, J.M., 2011. Preservar o poder dos agentes antimicrobianos para salvar vidas. J. Am. Med. Assoc. 305: 1027-1028.

Hultgren SJ, Porter TN, Schaeffer AJ, et al. Papel do pili tipo 1 e efeitos da variação de fase nas infecções do trato urinário inferior produzidas por *Escherichia coli.* Infect Immun 1985;50:370-7.

Hultgren SJ, Schwan WR, Schaeffer AJ, et al. Regulação da produção de pili de tipo 1 entre isolados do trato urinário de *Escherichia coli.* Infect Immun 1986;54:613- 20.

Ibeachi R, Mbata JT (2002). Rational and Irrational use of antibiotics African Health 24: 16- 17.

Iguchi, A. *et al.* Sequência completa do genoma e análise comparativa do genoma da estirpe E2348/69 de *Escherichia coli* O127:H6 enteropatogénica. *J. Bacteriol.* 2009; 191, 347-354.

Controlo de infecções e biossegurança: Mercados de produtos nos EUA. Relatório #RP-431304. Medical DataInternational, Irvine, Califórnia. 1997.

Kaper JB, Nataro JP, Mobley HL, *Escherichia coli* patogénica. Nopt Rev Microbiol. 2004; 2: 123-140.

Kebira A. N., Ochola P e Khamadi S. A., (2009), Isolamento e teste de suscetibilidade antimicrobiana de E. coli causadora de infeção do trato urinário; Journal of applied biosciences, 22, 1320-1325.

Kim, B.N., S.I. Choi e N.H. Ryoo, (2006). Três anos de acompanhamento de um surto da bactéria *Serratia marcescens* numa unidade de cuidados intensivos neurocirúrgicos. J. Korea Med. Sci., 21, 973-978.

King MD, Humphrey BJ, Wang YF, Kourbalova EV, Ray SM, Blumbrg HM (2006). Emergência do clone USA 300 de Staphylococcus aureus resistente à meticilina adquirido na comunidade como causa predominante de infecções da pele e dos tecidos moles. Ann. Intern. Med. 144: 309- 317.

Klemm, P. V.Roos, G.C. Ulett, C. Svanborg e M.A. Schembri, (2006). Caracterização molecular da estirpe 83972 da bactéria assintomática *Escherichia coli*: A domesticação de um agente patogénico. Infect.Immun., 74, 781-785.

Kuhn, P. J. 1983. Doornobs: a source of nosocomial infection? Copper Development Association, Nova Iorque, NY. http: //www.copperinfo .co .uk/antimicrobial/downloads/kuhn-doorknob. pdf.

Larsen AR, Bocher S, Stegger M, Goering R, Pallesen LV, Skov R (2008). Epidemiologia das estirpes do Complexo Clonal 80 Tipo IV de Staphylococcus aureus resistentes à meticilina associadas à Comunidade Europeia, isoladas na Dinamarca de 1993 a 2004 J. Clin. Microb. 46: 62-68.

Latha, C., Shriram, V.D., Jahagirdar, S.S., Dakephalkar, P.K., e Rojatkar, S., 2009. Atividade antiplasmática do acetato de 1'-acetoxicavicol de Alpinia galanga contra bactérias multirresistentes. J. Ethnopharmacol. 123: 522-525.

Lempiainen H, Kinnunen K, Mertanen A, von Wright A (2005). Ocorrência de factores de virulência entre isolados de Enterococcus intestinal humano. LettApplMicrobiol 41, 341-344.

Lowy FD (2003). Resistência antimicrobiana: o exemplo do Staphylococcus aureus J. Clin. Invest. 111: 1265-1273.

Lucas AB. Uma revisão crítica dos dispositivos de acesso venoso: a perspetiva da enfermagem. Issues in Cancer NursingPractice. Set 1991, 1.

Mabeck CE. Tratamento da infeção do trato urinário sem complicações em mulheres não grávidas. Postgrad Med J 1972;48:69-75.

Malikandan S., Ganesesapandian S., Singh M., Kumaraguru A. K., (2011), Antimicrobial susceptibility pattern of urinary tract infection causing human pathogenic bacteria, Asian journals of medical sciences, 3, 2, 56-60.

Mandell, Douglas, Bennettis. Principal e Prática de Doenças Infecciosas. Capítulo 69: Infecções do trato urinário. 7ª ed.957 -985

Marquez, B., Neuville, L., Moreau, N.J., Genet, J.P., Santos, A.F., Andrade, M.C.C., et. al., 2005.Multidrug resistance reversal agent from Jatropha ellliptica. Fitoquímica. 66: 1804-1811.

Martinez JJ, Hultgren SJ. Necessidade de GTPases da família Rho na invasão de *Escherichia coli* uropatogénica com pílulas do tipo 1. Cell Microbiol 2002;4:19-28.

Maurelli, A. T. Black holes, antivirulence genes, and gene inactivation in the evolution of bacterial pathogens. *FEMS Microbiol. Lett.* 2007; 267, 1-8.

Mayer LW (1988). Utilização de perfis plasmídicos na vigilância epidemiológica de surtos de doenças e no rastreio da transmissão da resistência aos antibióticos Clin. Microb. Rev. 1: 228- 243.

Meir, S., Weber, R., Zbinden, R., Reuf, C., e Hasse B., 2011. Patogénios Gram-negativos produtores de beta-lactamases de espetro alargado em infecções do trato urinário adquiridas na comunidade: um desafio crescente para a terapia antimicrobiana. Infection. 39: 333-340.

Mittal, P., Wing, DA., (2005). Infeção do trato urinário na gravidez.Cln. Perinatol, 32,749-764.

Mulvey MA, Lopez-Boado YS, Wilson CL, et al. Indução e evasão das defesas do hospedeiro por *Escherichia coli* uropatogénica com pílulas do tipo 1. Science 1998; 282:1494-7.

Mulvey MA, Schilling JD, Martinez JJ, et al. Bad bugs and beleaguered bladders: interplay between uropathogenic *Escherichia coli* and innate host defenses. Proc Natl Acad Sci U S A 2000;97:8829-35.

Mulvey MA. Adhesion and entry of uropathogenic *Escherichia coli.* Cell Microbiol 2002;4:257-71.

Naeem, M., Khan, MA., Qazi, SM., (2010). Padrão de suscetibilidade aos antibióticos de agentes patogénicos bacterianos que causam infeção do trato urinário num hospital de cuidados terciários. Ann. Pak. Inst. Med. Sci.,8(4):214-218

Nägeli K.W. 1893. Über oligodynamische Erscheinungen in lebenden Zellen. Neue Denkschr. Allgemein. Schweiz. Gesellsch. Ges. Naturweiss. Bd XXXIII Abt 1.

Narayanan, A.S., Raja, S.S.S., Ponmurugan, K., Kandekar, S.C., Natarajaseenivasan, K., Maripandi, A., et. al., 2011. Atividade antimicrobiana de plantas medicinais selecionadas contra uropatógenos resistentes a múltiplos antibióticos: um estudo de Kolli Hills, Tamil Nadu, Índia. Micróbios benéficos. 2: 235-243.

Instituto Nacional de Investigação sobre Deficiência e Reabilitação. Prevenção e tratamento de infecções do trato urinário em pessoas com lesões da espinal medula. Declaração de consenso do National Institute on Disability and Rehabilitation Research. 27-29 de janeiro de 1992. SCI Nurs 1993;10:49-61.

Relatório do Sistema Nacional de Vigilância das Infecções Nosocomiais (NNIS). Resumo dos dados de outubro de 1986 a abril de 1998. Programa de Infecções Hospitalares, Centro Nacional de Doenças Infecciosas, Centros de Controlo e Prevenção de Doenças. Emitido em junho de 1998.

Nicolle LE, Bradley S, Colgan R, et al. Diretrizes da Infectious Diseases Society of America para o diagnóstico e tratamento da bacteriúria assintomática em adultos. Clin Infect Dis 2005;40:643-54.

Nicolle LE. Epidemiology of urinary tract infection (Epidemiologia da infeção do trato urinário). Infect Med 2001; 18: 153-62.

Ogura Y. *et al.* A genómica comparativa revela o mecanismo da evolução paralela da

Escherichia coli enterohemorrágica O157 e não O157. *Proc. Natl Acad. Sci.* 2009; *USA* 106, 17939-17944.

Ojiegbe GC e Nworie WC (2000). Bacteriúria assintomática entre alunos de escolas em áreas urbanas de Enugu. J. Med. Sci., 9(1), 42-46.

Okeke IN, Adebayo L, Edelman R (1999). Socio-economic and behavioural factors leading to acquire bacterial resistance to antibiotics in developing countries. Centro de Controlo e Prevenção de Doenças Atlanta G. A. EUA

Okonafua EE, Okonafua BN (1989). Incidência e Padrão de Bacteriúria Assintomática da Gravidez em Mulheres Nigerianas. Níger. Med. Pract., 17, 354-358.

Okonko, I. O., Ijandipe, L. A., Ilusanya, A. O., Donbraye-Emmanuel, O. B., Ejembi, J., Udeze O., Egun O. C., Fowotade A. e Nkang A. O., Deteção de infeção do trato urinário entre mulheres grávidas no hospital católico de Oluyoro, Ibadan, sudoeste da Nigéria; revista malaia de microbiologia;6(1): 16-24

Okonko, I. O., Ijandipe, LA., Ilusanya, OA., Donbraye-Emmanuel, OB., Ejembi, J., Udeze, AO., Egun, OC., Fowotade, A., Nkang AO., (2009). Incidência de infeção do trato urinário (ITU) entre mulheres grávidas em Ibadan, no sudoeste da Nigéria. Jornal Africano de Biotecnologia, 8, 23, 6649-6657.

Olaitan JO (2006). Bacteriúria assintomática na população estudantil feminina de uma universidade nigeriana. O Int. J. Microbiol, 2-2.

Olayinka BO, Olayinka AT (2003). Resistência à meticilina em isolados estafilocócicos de amostras de bacteriúria clínica e assintomática: implicações para o controlo de infecções. Afr. J. Clin. Exper. Microb. 4: 79-89.

Olukoya DK, Asielue JO, Olasupo NA, Ikea JK (1995). Perfil plasmídico e padrões de suscetibilidade a antibióticos de isolados de Staphylococcus aureus da Nigéria. Afr. J. Med. Med. Sci. 24:135-139.

Oluwatuyi, M., Kaatz, G.W., e Gibbons, S., 2004.Antibacterial and resistance modifying activity of Rosmarinus officinalis. Phytochemistry. 65:3249-3254.

Pasisi JT, Hecty DW (1980). Plasmid profiles in Epidemiologic Studies of infection by staphylococcus epidermidis J. Infect. Dis. 141:637- 643.

Pearson ML. Diretrizes para a prevenção de infecções relacionadas com dispositivos intravasculares. Parte I. Infecções relacionadas com dispositivos intravasculares: uma visão geral. Comité Consultivo para as Práticas de Controlo de Infecções Hospitalares. Am J Infect Control. 1996;24:262-277.

Pittet D, Tarara D, Wenzel RP. Nosocomial bloodstream infection in critically ill patients. Excess length of stay, extra costs, and attributable mortality. JAMA. 1994;271:1598-1601.

Prescot M, Harley P, klein A (1999). Urinalysis. Microbiology, 4th Edition, McGraw - Hill Book Co; New York, 124-126. Raphael M mordi e Patrick O. Erah, (2006), Suceptibility of common urinary isolates to the commonly used antibiotics in a tertiary hospital in south Nigeria; Afician journals of Biotechnology;5 11, 1067-1071.

Ramesh N., SamiyappanC., Balasubramaniyan V., Ravichandran P., kanan V. R.,Urinary Tract infection and antimicrobial succeptibility pattern ofxtende spectrumof beta lactamase producing clinical isolates (2008), Advance in biological research 2, 5-6, 71-82.

Raphael M mordi e Patrick O. Erah(2006), Suceptibilidade de isolados urinários comuns aos antibióticos habitualmente utilizados num hospital terciário no sul da Nigéria; Afician journals of Biotechnology;5(11),1067-1071

Rebecca N, Elizabeth M. Algumas caraterísticas de virulência da *Escherichia coli* uropatogénica em diferentes grupos de doentes. Indian J Med Res. 2005; 122 : 143147

Richards MJ, Edwards JR, Culver DH, Gaynes RP (2000). Nosocomial infections in combined medical-surgical intensive care units in the United States (Infecções nosocomiais em unidades combinadas de cuidados intensivos médico-cirúrgicos nos Estados Unidos). Infect Control HospEpidemiol, 21, 510-515.

Ronald AR (1987). Duração opcional do tratamento de infecções renais. Ann. Intern. Med., 106, 467-468.

Russell AD, Hugo WB. Atividade antimicrobiana e ação da prata. Prog Med Chem.

1994;31:351-370.

Sampathukumar P (2007). Staphylococcus aureus resistente à meticilina: The latest Health Scare. Moyo Clin Proc. 82: 1403-1467.

Schaeffer AJ, Jones JM, Dunn JK. Association of in vitro *Escherichia coli* adherence to vaginal and buccal epithelial cells with susceptibility of women to recurrent urinary-tract infections. N Engl J Med 1981;304:1062-6.

Schelz, Z., Molnar, J., e Hohmann, J., 2006. Actividades antimicrobianas e antiplasmáticas de óleos essenciais. Fitoterapia. 77: 279-285.

Schlievert PM, Gahr PJ, Assimacopoulos AP, Dinges MM, Stoehr JA, *et al.* (1998). A agregação e as substâncias de ligação aumentam a patogenicidade em modelos de endocardite por Enterococcus faecalis em coelhos. Infect Immun, 66, 218-223.

Selim, S.A., 2012. Potenciais antimicrobianos, antiplasmídicos e de citotoxicidade das algas marinhas Halimeda opuntia e Sarconema filiforme recolhidas na costa do Mar Vermelho. World Acad. Sci. Engg. Technol. 61:1154- 1159.

Shahina Z. Jahedul Islam M. D., Abedin J., ishaque Chowdhary A. H. M., Arifuzzaman Md., (2011) A study of antibacterial succeptibility and resistance pattern of E. coli causing urinary tract infection in Chittagaong, Bangladesh, Asian journal of biological sciences 4, 7, 548-555.

Shames S R, Auweter S D & Finlay, B. B. Co-evolução e exploração das vias de sinalização das células hospedeiras por agentes patogénicos bacterianos. *Int. J. Biochem. CellBiol.* 2009; 41, 380-389.

Sharma, A., 2011. Antimicrobial resistance: no action today, no cure tomorrow (Resistência antimicrobiana: sem ação hoje, sem cura amanhã). Indian J. Med. Microbiol. 29:91-92.

Shriram, V., Jahagirdar, S., Latha, C., Kumar, V., Puranik, V., Rojatkar, S., et. al., 2008. Um potencial agente de cura de plasmídeos acetato de 8-epidiosbulina E de Dioscorea bulbifera L. contra bactérias multirresistentes. Int. J. Antimicrob. Agents. 32:405-410.

Sibanda, T., e Okoh AI., 2007. Os desafios para superar a resistência aos antibióticos: Extractos de plantas como fontes potenciais de agentes antimicrobianos e modificadores da resistência. Afr. J. Biotechol. 6:2886-2896.

Spadaro JA, Berger TJ, Barranco SD, Chapin SE, Becker RO. Antibacterial effects of silver electrodeswith weak direct current. Antimicrob Agents Chemother. 1974;6:637.

Stamey TA, Govan DE, Palmer JM. The localization and treatment of urinary tract infections: the role of bactericidal urine levels as opposed to serum levels. Medicine (Baltimore) 1965;44:1-36.

Stamey TA. Pathogenesis and treatment of urinary tract infections (Patogénese e tratamento das infecções do trato urinário). Baltimore: Williams & Wilkins; 1980.

Stamm WE. Catheter-associated urinary tract infections: epidemiology, pathogenesis, and prevention (Infecções do trato urinário associadas a cateteres: epidemiologia, patogénese e prevenção). Am J Med 1991;91:65S-71S.

Stamm WE. Desenvolvimentos recentes no diagnóstico e tratamento de infecções do trato urinário. West J Med 1982;137:213-20.

Sudha, V. B. P., K. O. Singh, S. R. Prasad e P. Venkatasubramanian. 2009. Eliminação de bactérias entéricas na água potável por um dispositivo de cobre para utilização em casa: provas laboratoriais. Transact. R. Soc. Trop. Med. Hyg. 103:819822. [PubMed]

Taiwo SS, Bamidele M, Omonigbehin EA, Akinside KA, Smith SI, Onile BA, Olowe AO (2003). Molecular Epidemiology of Methicillin resistant staphylococcus aureus in Ilorin, Nigeria. West Afr. J. Med. 2:100- 106.

Tietz A, Frei R, Widmer AF (2005). Propagação transatlântica do clone USA 300 de MRSA. N. Engl. J. Med. 353: 532- 533.

Turck M, Goffe B, Petersdorf RG. O cateter uretral e a infeção do trato urinário. J Urol 1962;88:834-7.

Vromen M, van der Ven AJ, Knols A, et al. Antimicrobial resistance patterns in urinary isolates from nursing home residents: fifteen years of data reviewed. J Antimicrob Chemother 1999;44:113-16.

Warnes, S. L., S. M. Green, H. T. Michels e C. W. Keevil. 2010. A eficácia biocida das ligas de cobre contra enterococos patogénicos envolve a degradação do ADN genómico e plasmídico. Appl. Environ. Microbiol. 76:5390-5401. [PMC free article] [PubMed]

Warren JW, Abrutyn E, Hebel JR, et al. Guidelines for antimicrobial treatment of uncomplicated acute bacterial cystitis and acute pyelonephritis in women (Diretrizes para o tratamento antimicrobiano da cistite bacteriana aguda sem complicações e da pielonefrite aguda nas mulheres).

Sociedade de Doenças Infecciosas da América (IDSA). Clin Infect Dis 1999;29:745-58.

OMS, 2012. Antimicrobial resistance: frequently asked questions, emitido pelo Grupo de Doenças Transmissíveis da Organização Mundial de Saúde. Disponível em: www.who .int/drugresi stance/amr_q&a. pdf

Wolter DJ, Chatterjee A, Varman M, Georing RV (2008). Isolamento e caraterização de uma variante epidérmica de Staphylococcus aureus 15 resistente à meticilina no centro dos Estados Unidos J. Clin. Microb. 46: 3548 -3549.

MIX
Papier aus verantwortungsvollen Quellen
Paper from responsible sources
FSC® C105338

Printed by Books on Demand GmbH, Norderstedt / Germany